高等数学试题汇编

(2005—2019 年西北工业大学明德学院)

符丽珍 编

西北工业大学出版社

西安

【内容简介】 本书主要内容包括高等数学上、下册期中、期末试题；高等数学上、下册期中、期末试题答案；高等数学上、下册复习题及答案等三部分。

本书可帮助在校大学生（或初学者）理解和掌握高等数学的基本理论及重要概念，掌握高等数学解题方法与技巧。

图书在版编目（CIP）数据

高等数学试题汇编/符丽珍编．—西安：西北工业大学出版社，2019.8
ISBN 978-7-5612-6546-8

Ⅰ.①高… Ⅱ.①符… Ⅲ.①高等数学－高等学校－习题集 Ⅳ.①O13-44

中国版本图书馆 CIP 数据核字(2019)第 176218 号

GAODENG SHUXUE SHITI HUIBIAN
高 等 数 学 试 题 汇 编

责任编辑：王 静	策划编辑：李 萌
责任校对：孙 倩	装帧设计：李 飞

出版发行：西北工业大学出版社
通信地址：西安市友谊西路 127 号　　邮编：710072
电　　话：(029)88491757，88493844
网　　址：www.nwpup.com
印 刷 者：陕西奇彩印务有限责任公司
开　　本：787 mm×1 092 mm　　1/16
印　　张：6.75
字　　数：177 千字
版　　次：2019 年 8 月第 1 版　　2019 年 8 月第 1 次印刷
定　　价：22.00 元

如有印装问题请与出版社联系调换

前　言

高等数学是变量数学，它是研究运动、无限过程、高维空间和多因素作用的科学。高等数学是理工科一门非常重要的基础课程，它不仅是学习其他课程的基础，而且也是各学科进行科学研究必备的数学工具。

笔者从2002年以来一直在西北工业大学明德学院从事教学工作，为本科生和考研生主讲高等数学及线性代数课程。为了更好地帮助广大同学学好高等数学课程，了解高等数学的教学要求和考试要点，现将西北工业大学明德学院自2005年招收本科生以来历届高等数学试题和答案进行了整理，编写了本书。这数十套试题是笔者和同事十几年来教学工作的成果。

青年教师季莎、郑薇参与了本书的出题工作，在此表示谢意！同时也感谢明德学院数学教研室的同事多年来的帮助与支持。愿同学们学好高等数学，祝明德学院的明天更美好。

编写本书曾参阅了相关文献、资料，在此，谨向其作者表示感谢。

由于水平有限，书中难免有不足之处，恳请读者批评指正。

编　者

2019年春节于西北工业大学

目　录

第一部分　高等数学试题 ·· 1

　一、高等数学上册期中试题 ··· 1
　二、高等数学上册期末试题 ··· 13
　三、高等数学下册期中试题 ··· 26
　四、高等数学下册期末试题 ··· 39

第二部分　高等数学试题答案 ·· 51

　一、高等数学上册期中试题答案 ·· 51
　二、高等数学上册期末试题答案 ·· 60
　三、高等数学下册期中试题答案 ·· 70
　四、高等数学下册期末试题答案 ·· 80

第三部分　高等数学复习题及答案 ·· 91

　一、高等数学上册复习题及答案 ·· 91
　二、高等数学下册复习题及答案 ·· 96

第一部分　　高等数学试题

一、高等数学上册期中试题

2005 级

1. $f(x) = \lim\limits_{t \to +\infty} \left(1 + \dfrac{x}{t}\right)^{2t}$，求 $f(x)$ 及 $f(\ln 2)$.

2. 求极限 $\lim\limits_{x \to 0} \dfrac{\tan x - x}{x(1 - \cos x)}$.

3. 求极限 $\lim\limits_{x \to +\infty} \dfrac{\sqrt{x^3}\sin\dfrac{6}{x}}{\sqrt{x}+1}$.

4. 求极限 $\lim\limits_{x \to 0} \dfrac{8^x + 2^x - 2}{x}$.

5. 求 $y = \dfrac{x^2 - 1}{x^2 - 3x + 2}$ 的间断点，并判断其类型.

6. $y = \cos^2 x + e^{2x}$，求 y'，y''.

7. $y = \arctan\dfrac{1+x}{1-x}$，求 y'.

8. $y = 2^{\sin^2 x} + \ln 6$，求 dy.

9. $y = \dfrac{x}{\sqrt{1+x^2}}$，求 y'.

10. $f(x) = \ln(\sec x + \tan x)$，求 $f'(x)$ 及 $f'\left(\dfrac{\pi}{4}\right)$.

11. $\begin{cases} x = \ln(1 + t^2) \\ y = t - \arctan t \end{cases}$，$\dfrac{dy}{dx}$，$\dfrac{d^2 y}{dx^2}$.

12. $y = \sin 2x$，求 $y^{(n)}(x)$.

13. 试问 a 为何值时，$f(x) = a\sin x + \dfrac{1}{3}\sin 3x$ 在 $x = \dfrac{\pi}{3}$ 处取得极值？它是极大值还是极小值？并求此极值。

14. 已知点 $(1, 6)$ 是曲线 $y = ax^3 + bx^2$ 的拐点，求常数 a 和 b，并指出曲线的凹凸区间。

15. $f(x) = \begin{cases} e^{ax}, & x \leqslant 0 \\ b(1-x)^2, & x > 0 \end{cases}$，试求常数 a，b 使 $f(x)$ 处处可导.

16. 求 $y = x^3 + 9x^2 + 24x + 1$ 的极值.

17. 当 $x > 0$ 时,证明 $1 + \dfrac{x}{2} > \sqrt{1+x}$.

18. 求曲线 $y = x\ln(1+x)$ 的凹区间.

19. 求曲线 $e^y + xy = e$ 上对应 $x = 0$ 点处的切线方程.

20. 当 $x \to 0$ 时,$\ln(1+x^2) + ax^2$ 是比 x^2 高阶的无穷小量,求常数 a.

2006 级

1. $f(x)$ 为奇函数,$a > 0$ 且 $a \neq 1$,判断 $F(x) = f(x)\left(\dfrac{1}{1+a^x} - \dfrac{1}{2}\right)$ 的奇偶性.

2. 设 $\lim\limits_{x \to \infty}\left(\dfrac{x+k}{x-k}\right)^x = 4$,求常数 k.

3. $f(x) = \dfrac{\ln(1-x^2)}{x\left(x - \dfrac{1}{2}\right)}$,确定 $f(x)$ 的间断点及类型.

4. $\lim\limits_{x \to +\infty}\left[\sqrt{(x+p)(x+q)} - x\right] = \dfrac{1}{2}$,求 $p + q = ?$

5. $f(x) = \begin{cases} \dfrac{x}{1 + e^{\frac{1}{x}}}, & x \neq 0 \\ 0, & x = 0 \end{cases}$,求 $f'(x)$.

6. $f(u)$ 可导,$y = f[f(e^x)]$,求 y'.

7. 设 $\dfrac{d}{dx}\left[f\left(\dfrac{1}{x^2}\right)\right] = \dfrac{1}{x}$,求 $f'(2)$.

8. $\begin{cases} x = \ln\sqrt{1+t^2} \\ y = \arctan t \end{cases}$,求 $\dfrac{dy}{dx}, \dfrac{d^2y}{dx^2}$.

9. $f(x) = \begin{cases} 1 + bx, & x \leqslant 0 \\ ae^{2x}, & x > 0 \end{cases}$,求 a, b,使 $f'(0)$ 存在.

10. 设 $x \to 0$ 时,$e^x - (ax^2 + bx + 1)$ 关于 x^2 是高阶无穷小,求 a, b.

11. $f(x) = \ln\dfrac{1}{1-x}$,求 $f^{(n)}(0)$.

12. 求曲线 $x^2 + xy + y^2 = 3$ 在点 $M(1,1)$ 处的切线方程.

13. 证明曲线 $\sqrt{x} + \sqrt{y} = \sqrt{m}$ 上任一点处的切线在两坐标轴上的截距之和为常数.

14. 设 a, b, c 是不全为零的任意常数,证明方程 $4ax^3 + 3bx^2 + 2cx = a + b + c$ 在 $(0,1)$ 内有实根.

15. 在曲线 $y = x^2 (0 < x < +\infty)$ 上求点 M,使该曲线在 M 处的切线与 $y = 0, x = 8$ 围成的三角形面积最大.

2007 级

1. 判定函数 $f(x) = (2+\sqrt{3})^x + (2-\sqrt{3})^x$ 的奇偶性.

2. 求 $\lim\limits_{x \to \infty}\left(\dfrac{2x+1}{2x-3}\right)^{x+3}$.

3. 求 $\lim\limits_{x\to 0}\dfrac{\tan x-\sin x}{\sin^3 x}$.

4. 求 $\lim\limits_{x\to\infty}\dfrac{2x^2}{x+1}\sin\dfrac{3}{x}$.

5. 求 $\lim\limits_{x\to 0}\dfrac{\cos x-e^{-\frac{x^2}{2}}}{x^4}$.

6. 当 $x\to 0$ 时,$e^{4x}-(ax^2+bx+c)$ 是 x^2 的高阶无穷小,试求 a,b,c.

7. 求函数 $f(x)=\dfrac{3^{\frac{1}{x}}-1}{3^{\frac{1}{x}}+1}$ 的连续区间,若有间断点,试确定其类型.

8. $f(x)=\begin{cases}2e^x+a,&x<0\\x^2+bx+1,&x\geqslant 0\end{cases}$,试确定 a,b,使 $f(x)$ 在 $x=0$ 处可导.

9. $y=\ln\dfrac{\sin x}{\sqrt{1-x^4}}$,求 y'.

10. $y=\sqrt{4x-x^2}+4\arcsin\dfrac{\sqrt{x}}{2}$,求 dy.

11. $y=\dfrac{1-x}{1+x}$,求 $y^{(n)}$.

12. 设 $y=f[\ln(x+\sqrt{x^2+a^2})]$,其中函数 f 可导,且 $y'(\ln a)=1$,求 $y'(0)$.

13. 设隐函数 $y=y(x)$ 由 $(x^2)^{\frac{1}{y}}=(y^2)^{\frac{1}{x}}$ 确定,求 $\dfrac{dy}{dx}$.

14. 证明:$\arctan x=\arcsin\dfrac{x}{\sqrt{1+x^2}}$.

15. $\begin{cases}x=\ln(1+t^2)\\y=1-\arctan t\end{cases}$,求 $\dfrac{dy}{dx},\dfrac{d^2y}{dx^2}$.

16. 求过原点且与曲线 $y=e^{2x}$ 相切的直线方程.

17. 证明:当 $0<x<\dfrac{\pi}{2}$ 时,$\sin x+\tan x>2x$.

18. 证明:方程 $4x^3-4x+1=0$ 在 $(0,1)$ 内至少有一实根.

19. 设函数 $f(x)=\dfrac{2x}{1+x^2}$,试求该函数的单调增、减区间与极值.

20. 在椭圆 $\dfrac{x^2}{a^2}+\dfrac{y^2}{b^2}=1$ 中,求边平行于椭圆轴面积最大的内接矩形.

2008 级

1. 确定函数 $f(x)=\dfrac{x(3^x-1)}{3^x+1}$ 的奇偶性.

2. 求 $\lim\limits_{x\to 0}\dfrac{(e^{x^2}-1)^2}{x\ln(1+x^3)}$.

3. 求 $\lim\limits_{n\to\infty}\left(\dfrac{1}{n^2+n+1}+\dfrac{2}{n^2+n+2}+\cdots+\dfrac{n}{n^2+n+n}\right)$.

4. 求 $\lim\limits_{x\to 0}\left[\dfrac{e^{7x}-e^{-x}}{8\sin 3x}+(e^x-1)\cos\dfrac{1}{x}\right]$.

5. 求 $f(x) = \dfrac{2}{1+e^{\frac{1}{x}}} + \dfrac{\sin x}{|x|}$ 的连续区间,若有间断点,判别其类型.

6. $g(x)$ 在 $x=a$ 处连续,且 $g(a) \neq 0$,讨论 $f(x) = |x-a|g(x)$ 在 $x=a$ 处的连续性与可导性.

7. 设 $\lim\limits_{x \to \infty} \left(\dfrac{3x^2+2}{x+1} + ax + b \right) = 2$,求常数 a, b.

8. 设 $f(4x) = x^4$,求 $f'(\sqrt{80})$.

9. $f(x) = (x-1)(x-2)(x-3)\cdots(x-50)$,求 $f'(2)$.

10. 当 $x \to 0$ 时,$e^{3x} - (ax^2 + bx + 1)$ 是比 x^2 高阶的无穷小量,求常数 a, b.

11. 求曲线 $\begin{cases} x + t(1-t) = 0 \\ te^y + y + 1 = 0 \end{cases}$ 在 $t=0$ 处的切线方程和法线方程.

12. 设在 $[0,1]$ 上 $f''(x) > 0$,写出 $f'(1), f'(0), f(1)-f(0)$ 的大小顺序,并说明理由.

13. 设 $a_0 + \dfrac{a_1}{2} + \dfrac{a_2}{3} + \cdots + \dfrac{a_n}{n+1} = 0$,证明多项式 $f(x) = a_0 + a_1 x + \cdots + a_n x^n$ 在 $(0,1)$ 内至少有一个零点。

14. $y = \lim\limits_{n \to \infty} x \left(\dfrac{n+x}{n-x} \right)^n$,求 dy.

15. 已知 $\begin{cases} x = \ln(1+t^2) \\ y = t - \arctan t \end{cases}$,求 $\dfrac{dy}{dx}, \dfrac{d^2 y}{dx^2}$.

16. $f(x) = \ln(\tan x + \sec x)$,求 $f''(x)$.

17. 求 $y = x^{\frac{1}{x}}$ 的极值.

18. 求曲线 $y = \ln(x + \sqrt{1+x^2})$ 的凹凸区间与拐点.

19. 证明双曲线 $xy = a^2$ 上任意点处的切线与两坐标轴构成的三角形的面积为一常数.

20. 证明,当 $x > 0$ 时,$\ln(1+x) > \dfrac{\arctan x}{1+x}$.

2009 级

1. 判断函数 $f(x) = \ln(x + \sqrt{x^2+1})$ 的奇偶性.

2. $f(t) = \lim\limits_{x \to \infty} \left[t \left(1 + \dfrac{1}{x} \right)^{2tx} \right]$,求 $f'(t)$.

3. 求 $\lim\limits_{x \to 0} \dfrac{\ln(1+x^2) \sin \frac{1}{x}}{\sin 2x}$.

4. 若 $\lim\limits_{x \to 1} \dfrac{ax^2 + bx + c}{(x-1)^2} = 2$,求常数 a, b, c.

5. 求 $\lim\limits_{x \to \infty} \dfrac{x^2 - 8x \arctan x}{5x^2 + 6}$.

6. 求 $\lim\limits_{n \to \infty} \left(1 + \dfrac{1}{1+2} + \dfrac{1}{1+2+3} + \cdots + \dfrac{1}{1+2+3+\cdots+n} \right)$.

7. 求 $\lim\limits_{x \to 0} \left(\dfrac{1}{x} - \dfrac{1}{e^x - 1} \right)$.

8. 求 $f(x) = \dfrac{x^2 - 3x}{|x|(x^2 - 9)}$ 的间断点,并指出间断点的类型.

9. $y = 6^{\sin^2 \frac{1}{x}} + \ln\pi$,求 y'.

10. $y = x^{\frac{1}{x}} (x > 0)$,求 $\mathrm{d}y$.

11. $\begin{cases} x = 2\arctan t \\ 3y - ty^2 - 4\mathrm{e}^t = 5 \end{cases}$,求 $\dfrac{\mathrm{d}y}{\mathrm{d}x}\Big|_{x=0}$.

12. 求曲线 $x^{\frac{2}{3}} + y^{\frac{2}{3}} = a^{\frac{2}{3}}$ 在 $\left(\dfrac{\sqrt{2}}{4}a, \dfrac{\sqrt{2}}{4}a\right)$ 处的切线方程和法线方程.

13. $\begin{cases} x = 3t^2 + 2t \\ y = 2t^3 + t^2 \end{cases}$,求 $\dfrac{\mathrm{d}y}{\mathrm{d}x}, \dfrac{\mathrm{d}^2 y}{\mathrm{d}x^2}$.

14. 已知点 $(1, -1)$ 是曲线 $y = x^3 + ax^2 + bx + c$ 的拐点,$x = 0$ 是函数 $y = x^3 + ax^2 + bx + c$ 的极值点,求常数 a, b, c.

15. 证明方程 $5x^4 - 4x + 1 = 0$ 在 $(0, 1)$ 内至少有一个实根.

16. 设在 $[0, 1]$ 上 $f''(x) < 0$,写出 $f'(1), f'(0), f(1) - f(0)$ 的大小顺序,并说明理由.

17. $\varphi(x)$ 在 $x = 0$ 处连续,且 $f(x) = (5^x - 1)\varphi(x)$,求 $f'(0)$.

18. 已知 $f(x) = \dfrac{x+1}{x^2}$,按要求填空:

    (1) $f'(x) = $ _____; (2) $f''(x) = $ _____;

    (3) $f(x)$ 的极值是 _____;(4) $f(x)$ 图形的拐点为 _____.

19. $f(x)$ 在 $[0, a]$ 上连续,在 $(0, a)$ 内可导,且 $f(a) = 0$.证明存在一点 $\zeta \in (0, a)$,使 $f(\zeta) + \zeta f'(\zeta) = 0$.

20. $x > 0$ 时,证明 $1 + x\ln(x + \sqrt{1 + x^2}) > \sqrt{1 + x^2}$.

2010 级

1. $f(x) = \lim\limits_{t \to \infty} \left(1 + \dfrac{x}{t}\right)^{2t}$,求 $f(\ln 3)$.

2. 求 $\lim\limits_{n \to \infty} \left(1 + \dfrac{1}{n} + \dfrac{1}{n^2}\right)^n$.

3. 求 $\lim\limits_{x \to 0} \dfrac{\arctan x - x}{\ln(1 + 2x^2)\sin x}$.

4. 求 $f(x) = \dfrac{6^{\frac{1}{x}} - 1}{6^{\frac{1}{x}} + 1}$ 的连续区间,若有间断点,判别其类型.

5. $f(x) = \begin{cases} \dfrac{\mathrm{e}^{2x} - 1}{x}, & x \neq 0 \\ a, & x = 0 \end{cases}$ 处处连续,求常数 a,进而求 $f'(0)$.

6. $f(x) = \left(1 + \dfrac{1}{x}\right)^x$,求 $f'(x)$ 及 $f'\left(\dfrac{1}{2}\right)$.

7. $y = f(\mathrm{e}^{\arcsin x})$,且 $f(u)$ 可导,求 $\mathrm{d}y$.

8. 已知 $\lim\limits_{x \to \infty} \left(\dfrac{x^2}{x+1} - ax - b\right) = 0$,求常数 a, b.

9. 已知 $f(3x) = x^3$，求 $f'(\sqrt{99})$.

10. $f(x)$ 具有任意阶导数，且 $f'(x) = [f(x)]^2$，当 $n \geqslant 2$ 时，求 $f^{(n)}(x)$.

11. $f(x) = \dfrac{(x-1)(x-2)\cdots(x-99)}{(x+1)(x+2)\cdots(x+99)}$，求 $f'(1)$.

12. 求曲线 $y = \ln(1+x^2)$ 的拐点.

13. $\begin{cases} x = 3\arctan t \\ y = \ln\sqrt{1+t^2} \end{cases}$，求 $\dfrac{dy}{dx}, \dfrac{d^2y}{dx^2}$.

14. $f(x) = \dfrac{1}{1-x^2}$，按要求填空：

(1) $f'(x) = $ _____ ； (2) $f''(x) = $ _____ ；

(3) $f(x)$ 的极小值是 _____ ；(4) $f(x)$ 图形的水平渐近线为 _____ .

(5) $f(x)$ 图形的铅直渐近线为 _____ .

15. 当 $0 < x < \dfrac{\pi}{2}$ 时，证明 $\sin x + \tan x > 2x$.

16. 求曲线 $x^{\frac{2}{3}} + y^{\frac{2}{3}} = a^{\frac{2}{3}}$ 在点 $M\left(\dfrac{\sqrt{2}}{4}a, \dfrac{\sqrt{2}}{4}a\right)$ 处的切线方程和法线方程.

17. 设三次曲线 $y = x^3 + 3ax^2 + 3bx + c$ 在 $x = -1$ 处取得极大值，且 $(0,3)$ 为拐点，求 a, b, c.

18. 证明 $\arctan x + \operatorname{arccot} x = \dfrac{\pi}{2}, x \in (-\infty, +\infty)$.

19. $f(x)$ 在 $[a,b]$ $(0 < a < b)$ 上连续，在 (a,b) 内可导，$f(a) = b, f(b) = a$，证明：在 (a,b) 内存在一点 ζ，使 $f'(\zeta) = -\dfrac{f(\zeta)}{\zeta}$.

2011 级

1. 判断函数 $f(x) = (4+\sqrt{15})^x + (4-\sqrt{15})^x$ 的奇偶性.

2. 求 $\lim\limits_{x\to 0} \dfrac{(e^x-1)^5}{(1-\cos x)\sin^3 x}$.

3. 已知 $\lim\limits_{x\to\infty}\left(\dfrac{x+2a}{x-a}\right)^x = 8$，求 a.

4. 求 $\lim\limits_{x\to\infty} \dfrac{3x^2}{x+6}\sin\dfrac{9}{x}$.

5. 求 $\lim\limits_{x\to 0} \dfrac{e^x - e^{-x} - 2x}{x - \sin x}$.

6. 求 $y = e^{x+\frac{1}{x}}$ 的连续区间，若有间断点，指出其类型.

7. $y = \ln(1+x^2)$，求 $y', y'', y''(0)$.

8. $\begin{cases} x = \ln(1+t^2) \\ y = \arctan t \end{cases}$，求 $\dfrac{dy}{dx}, \dfrac{d^2y}{dx^2}$.

9. $y = e^{e^x}$，求 y'.

10. 求 $y = x^{\frac{1}{x}} (x > 0)$ 的极值.

11. 已知 $\lim\limits_{x\to\infty} x\left[\sin\ln\left(1+\dfrac{a}{x}\right) - \sin\ln\left(1+\dfrac{1}{x}\right)\right] = 3$，求 a.

12. 证明：当 $x>0$ 时，$1+\dfrac{x}{2}>\sqrt{1+x}$.

13. 求曲线 $x^{\frac{2}{3}}+y^{\frac{2}{3}}=1$ 在点 $M\left(\dfrac{\sqrt{2}}{4},\dfrac{\sqrt{2}}{4}\right)$ 处的切线方程和法线方程.

14. $y=\lim\limits_{t\to\infty}\left[x\left(1+\dfrac{1}{t}\right)^{3tx}\right]$，求 $\mathrm{d}y$.

15. 证明恒等式：$\arcsin x+\arccos x=\dfrac{\pi}{2}\;(-1\leqslant x\leqslant 1)$.

16. 求函数 $f(x)=\dfrac{1}{1-x^3}$ 图形的水平渐近线和铅直渐近线.

17. 求曲线 $y=x^3$ 的凹凸区间及拐点.

18. 证明方程 $x^3-4x^2+1=0$ 在开区间 $(0,1)$ 内至少有一个实根.

19. 求 $y=\dfrac{\ln x}{x}$ 的极值.

20. 已知点 $(1,2)$ 是曲线 $y=ax^3+bx^2$ 的拐点，求常数 a,b.

2012 级

1. 判断 $f(x)=\dfrac{2^x-1}{2^x+1}$ 的奇偶性.

2. 已知：$\lim\limits_{x\to\infty}\left(\dfrac{x+a}{x-a}\right)^x=9$，求常数 a.

3. 求 $\lim\limits_{x\to 0}\dfrac{\mathrm{e}^{x^3}-1}{x\ln(1+2x^2)}$.

4. $y=\lim\limits_{t\to\infty}x\left(1+\dfrac{2}{t}\right)^{4tx}$，求 $\mathrm{d}y$.

5. 求 $\lim\limits_{x\to 0}\left(\dfrac{1}{x}-\dfrac{1}{\mathrm{e}^x-1}\right)$.

6. 求 $f(x)=3^{x+\frac{1}{x}}$ 的连续区间，若有间断点，判断其类型.

7. $f(x)=\arctan\mathrm{e}^x$，求 $f'(x),f'(0)$.

8. $y=x^{\sin x}\,(x>0)$，求 y'.

9. $f(x)=\ln(\tan x+\sec x)$，求 $f'(x),f''(x)$.

10. $f(x)=\begin{cases}\dfrac{\mathrm{e}^{8x}-1}{\sin x}, & x\neq 0 \\ a, & x=0\end{cases}$ 在 $x=0$ 处连续，求常数 a，进而求 $f'(0)$.

11. 已知 $2^x+3^y+\mathrm{e}^x-y=0$，求 y'.

12. $\begin{cases}x=3t^2+7 \\ y=6t^5\end{cases}$，求 $\dfrac{\mathrm{d}y}{\mathrm{d}x},\dfrac{\mathrm{d}^2y}{\mathrm{d}x^2}$.

13. 求曲线 $y=\mathrm{e}^{-x}$ 上通过原点的切线方程.

14. 已知点 $(1,6)$ 是曲线 $y=ax^3+bx^2$ 的拐点，求 a,b.

15. 当 $x>1$ 时，证明 $2\sqrt{x}+\dfrac{1}{x}>3$.

16. 设在 $[0,4]$ 上 $f''(x)>0$，写出 $f'(4),f'(0),f(1)-f(0)$ 的大小顺序，并说明理由.

17. $f(x)$ 在 $[3,9]$ 上连续,在 $(3,9)$ 内可导,且 $f(3)=9, f(9)=3$. 证明:在 $(3,9)$ 内至少存在一点 ζ,使 $f(\zeta)+\zeta f'(\zeta)=0$.

18. 求曲线 $y=5x^3+2x+1$ 的凹凸区间及拐点.

19. 已知 $f(x)=\dfrac{\ln x}{x}$,按要求填空:

(1) $f(x)$ 的定义域为_____; (2) $f'(x)=$ _____;

(3) $f''(x)=$ _____; (4) $f(x)$ 的极大值为_____;

(5) $f(x)$ 图形的水平渐近线为_____.

2013 级

1. 判断 $f(x)=\dfrac{e^x-e^{-x}}{e^x+e^{-x}}$ 的奇偶性.

2. 求 $\lim\limits_{x\to 0}\dfrac{\ln(1+x^2)-x^2}{\sin^4 x}$.

3. 求 $\lim\limits_{x\to 0}\dfrac{6^x-2^x}{\sin x}$.

4. 求 $\lim\limits_{x\to\infty}\left(1+\dfrac{1}{x}+\dfrac{1}{x^2}\right)$.

5. $f(x)=\begin{cases}x^2\sin\dfrac{1}{x}, & x\neq 0 \\ x^2+a, & x=0\end{cases}$ 在 $x=0$ 处连续,求常数 a,进而求 $f'(0)$.

6. 求 $f(x)=\dfrac{e^{2x}-1}{x(x-6)}$ 的间断点,并判断间断点的类型.

7. $y=\sin^2 x$,求 $y', y'', y''(0)$.

8. 证明方程 $\sin x+x+1=0$ 在开区间 $\left(-\dfrac{\pi}{2},\dfrac{\pi}{2}\right)$ 内至少有一个根.

9. $x>0, y=x^x$,求 y'.

10. $\begin{cases}x=\dfrac{t^2}{2}\\ y=1-t\end{cases}$,求 $\dfrac{dy}{dx},\dfrac{d^2y}{dx^2}$.

11. 求曲线 $e^x-e^y+xy=0$ 在点 $M(0,0)$ 处的切线方程和法线方程.

12. 当 $x>0$ 时,证明:$(1+x^2)\arctan x>x$.

13. $y=\arctan\dfrac{1-x^2}{1+x^2}$,求 y', dy.

14. $\sqrt{x}+\sqrt{y}=9$,求 y'.

15. 求 $y=x-\ln(1+x)$ 的极值.

16. 若方程 $a_0 x^n+a_1 x^{n-1}+\cdots+a_{n-1}x=0$ 有一个正根 $x=x_0$,证明方程:$a_0 n x^{n-1}+a_1(n-1)x^{n-2}+\cdots+a_{n-1}=0$ 必有一个小于 x_0 的正根.

17. 求曲线 $y=x+\dfrac{1}{x}\ (x\neq 0)$ 的凹凸区间.

18. 已知点 $(1,0)$ 为曲线 $y=ax^3+bx^2-2$ 的拐点,求常数 a,b.

19. $f(x) = \dfrac{x}{e^x}$，按要求填空：

(1) $f(x)$ 的定义域为_____；　　(2) $f'(x) =$_____；

(3) $f''(x) =$_____；　　(4) $f(x)$ 的极大值为_____；

(5) 曲线 $f(x) = \dfrac{x}{e^x}$ 的拐点为_____.

2014 级

1. 判断 $f(x) = \ln(x + \sqrt{x^2+1})$ 的奇偶性.

2. 求 $\lim\limits_{x\to\infty}\left(\dfrac{3+x}{6+x}\right)^{\frac{x-1}{2}}$.

3. 求 $\lim\limits_{x\to 0}\dfrac{x^2\sin\dfrac{1}{x}}{\sin x}$.

4. 求 $\lim\limits_{x\to 0}\dfrac{\cos 3x - \cos 2x}{x^2}$.

5. 当 $x \to 0$ 时，$e^{2x} - 1$ 与 $a\ln(1+3x)$ 为等价无穷小，求常数 a.

6. 求 $f(x) = \dfrac{|x|}{x(x-1)}$ 的间断点，并判断间断点的类型.

7. 讨论 $f(x) = \begin{cases}\dfrac{2}{3}x^3, & x \geqslant 1 \\ x^2, & x < 1\end{cases}$ 在 $x = 1$ 处的连续性与可导性.

8. $f(x) = (2^x - 1)\varphi(x)$，其中 $\varphi(x)$ 在 $x = 0$ 处连续，求 $f'(0)$.

9. $y = x^{\sin x}(x > 0)$，求 $\dfrac{dy}{dx}$.

10. $y = \ln\sin(e^x)$，求 $\dfrac{dy}{dx}, dy$.

11. $y = (1+x^2)\arctan x$，求 $y', y'', y''(0)$.

12. $\begin{cases}x = \sin t \\ y = \cos t\end{cases}$，求 $\dfrac{dy}{dx}, \dfrac{d^2y}{dx^2}$.

13. 求曲线 $\sqrt{x} + \sqrt{y} = 2$ 在点 $(1,1)$ 处的切线方程和法线方程.

14. 求 $y = xe^{-x}$ 的单调区间和极值.

15. 证明不等式：$e^x > ex \ (x > 1)$.

16. 求曲线 $y = x^3 + 1$ 的凹凸区间和拐点.

17. 求曲线 $y = \dfrac{1}{x^2-1}$ 的水平渐近线和铅直渐近线.

18. 已知点 $(1,2)$ 为曲线 $y = ax^3 + bx^2$ 的拐点，求常数 a, b.

19. 证明方程 $x2^x - 1 = 0$ 至少有一个小于 1 的正根.

20. $f(x)$ 在 (a,b) 内具有二阶导数，且 $f(x_1) = f(x_2) = f(x_3)$，其中 $a < x_1 < x_2 < x_3 < b$，证明：在 (x_1, x_3) 内至少有一点 ζ，使得 $f''(\zeta) = 0$.

2015 级

1. 判断 $f(x) = \dfrac{x(3^x - 1)}{3^x + 1}$ 的奇偶性.

2. 求 $\lim\limits_{x \to 0} \dfrac{(\mathrm{e}^{x^2} - 1)^2}{x \ln(1 - x^3)}$.

3. 求 $\lim\limits_{x \to 0} \dfrac{\mathrm{e}^{5x} - \mathrm{e}^{-x}}{4 \sin 3x}$.

4. 求 $\lim\limits_{x \to \infty} \left(\dfrac{2x + 3}{2x + 1}\right)^x$.

5. 求 $\lim\limits_{n \to \infty} \left(\dfrac{1}{n^2 + 1} + \dfrac{2}{n^2 + 2} + \cdots + \dfrac{n}{n^2 + n}\right)$.

6. 求 $f(x) = \begin{cases} \dfrac{1}{\mathrm{e}^{x-1}}, & x > 0 \\ \ln(1 + x), & -1 < x \leqslant 0 \end{cases}$ 的间断点,并说明间断点的类型.

7. 讨论 $f(x) = \begin{cases} x \sin \dfrac{1}{x}, & x \neq 0 \\ 0, & x = 0 \end{cases}$ 在 $x = 0$ 处的连续性与可导性.

8. 当 $x \to -1$ 时,$x^3 + ax^2 - x + b$ 与 $x + 1$ 为等价无穷小量,求常数 a, b.

9. $y = \ln(x + \sqrt{1 + x^2})$,求 $y', y'', y''(0)$.

10. $y = x^{\cos x}$ $(x > 0)$,求 y'.

11. $y = \mathrm{e}^{\sin \frac{1}{x}} + \mathrm{e}^{\pi}$,求 $y', \mathrm{d}y$.

12. 判断由 $\begin{cases} x = \cos^5 t \\ y = \sin^5 t \end{cases}$ $\left(0 < t < \dfrac{\pi}{2}\right)$ 所确定的函数 $y = f(x)$ 的图形在 $(0, 1)$ 内的单调性及凹凸性,并说明理由.

13. 求曲线 $xy + 2 \ln y = 1$ 在点 $M(1, 1)$ 处的切线方程与法线方程.

14. 证明:当 $x > 0$ 时,$(1 + x) \ln(1 + x) > \arctan x$.

15. 求 $y = \ln(1 - x^2)$ 的单调区间及极值.

16. $f(x), g(x)$ 均在 $[a, b]$ 上连续,且 $f(a) < g(a), f(b) > g(b)$,证明:在 (a, b) 内至少有一点 ζ,使 $f(\zeta) = g(\zeta)$.

17. $f(x) = x^3 + ax^2 + bx$ 在 $x = 1$ 处有极大值 2,求常数 a, b.

18. 求 $f(x) = \dfrac{1}{x - 3}$ 图形的水平渐近线和铅直渐近线.

19. 求曲线 $y = x\mathrm{e}^{-x}$ 的凹凸区间及拐点.

20. $f(x)$ 在 $[0, a]$ 上连接,在 $(0, a)$ 内可导,且 $f(a) = 0$. 证明:至少存在一点 $\zeta \in (0, a)$,使 $f'(\zeta) = -\dfrac{f(\zeta)}{\zeta}$.

2016 级

1. 判断 $f(x) = (3 + \sqrt{8})^x + (3 - \sqrt{8})^x$ 的奇偶性.

2. $\lim\limits_{x\to\infty}\left(\dfrac{x+a}{x-a}\right)^x = 4$,求常数 a.

3. 求 $\lim\limits_{x\to 0}\dfrac{(e^{x^2}-1)\sin^2 x}{(1-\cos x)^2}$.

4. 求 $\lim\limits_{x\to 0}\left(\dfrac{1}{x}-\dfrac{1}{\tan x}\right)$.

5. 求 $\lim\limits_{x\to\infty}\dfrac{x^2+3x\arctan x}{2x^2+1}$.

6. 求 $f(x) = \dfrac{e^{\frac{1}{x}}-1}{e^{\frac{1}{x}}+1}$ 的连续区间,若有间断点,判别其类型.

7. 求 $f(x) = \begin{cases}\ln(1-x), & x<0 \\ \sin x, & x\geqslant 0\end{cases}$ 在 $x=0$ 处的左导数、右导数,进而判断 $f(x)$ 在 $x=0$ 处是否可导.

8. $f(x) = \ln(\tan x + \sec x)$,求 $f'(x)$,$f''(x)$ 及 $f''(\dfrac{\pi}{4})$.

9. $\begin{cases}x = t-\arctan t \\ y = \ln(1+t^2)\end{cases}$,求 $\dfrac{dy}{dx}$,$\dfrac{d^2 y}{dx^2}$.

10. $y = x^{\cos x}$ $(x>0)$,求 y'.

11. 求曲线 $x-y+\dfrac{1}{2}\sin y = 1$ 在 $(1,0)$ 处的切线方程和法线方程.

12. $y = 2^{\sin^2\frac{1}{x}}$,求 dy.

13. 证明:$x>0$ 时,$1+\dfrac{x}{2}>\sqrt{1+x}$.

14. 求 $y = \dfrac{\ln x}{x}$ 的单调区间与极值.

15. 求曲线 $y = x^3+2x+1$ 的凹凸区间与拐点.

16. 证明:$\arctan x+\operatorname{arccot} x = \dfrac{\pi}{2}$,$x\in(-\infty,+\infty)$.

17. 求曲线 $y = \dfrac{2}{1-x^3}$ 的水平渐近线和铅直渐近线.

18. 证明方程:$x^5-3x+1 = 0$ 在 $(0,1)$ 内至少有一个实根.

19. 已知 $(1,-1)$ 为曲线 $y = ax^3+bx^2$ 的拐点,求常数 a,b.

20. 若方程 $a_0 x^n + a_1 x^{n-1} + \cdots + a_{n-1}x = 0$ 有一个正根 $x = x_0$,证明方程:$a_0 n x^{n-1} + a_1(n-1)x^{n-2}+\cdots+a_{n-1} = 0$ 必有一个小于 x_0 的正根.

2017 级

1. 判别 $f(x) = \dfrac{x(e^x - e^{-x})}{3^x + 3^{-x}}$ 的奇偶性.

2. 求 $\lim\limits_{x\to\infty}\left(\dfrac{x+4}{x-2}\right)^x$.

3. 求 $\lim\limits_{x\to 0}\dfrac{\ln(1-x^2)\tan x}{e^{x^3}-1}$.

4. 求 $\lim\limits_{x\to 0}\dfrac{e^x-e^{-x}-2x}{x-\sin x}$.

5. 求 $\lim\limits_{x\to\infty}\dfrac{x^2}{x+1}\tan\dfrac{2}{x}$.

6. 求 $f(x)=\dfrac{e^{\frac{1}{x}}(x^2-1)}{x-1}$ 的间断点, 并判断间断点的类型.

7. $f(x)=\ln(1+x^2)$, 求 $f'(x), f''(x)$ 及 $f''(1)$.

8. 求 $f(x)=\begin{cases} x^2\sin\dfrac{1}{x}, & x<0 \\ 1-\cos x, & x\geqslant 0 \end{cases}$ 在 $x=0$ 处的左导数、右导数, 进而判断 $f(x)$ 在 $x=0$ 处是否可导.

9. $\begin{cases} x=\sqrt{1-t^2} \\ y=\arcsin t \end{cases}$, 求 $\dfrac{dy}{dx}, \dfrac{d^2y}{dx^2}$.

10. $y=(1+\dfrac{1}{x})^x \quad (x>0)$, 求 y'.

11. 求曲线 $x^2+xy+y^2=4$ 在点 $(2,-2)$ 处的切线方程和法线方程.

12. $y=e^{\arctan x}$, 求 y', dy.

13. $f(3x)=x^3$, 求 $f'(9)$.

14. 求 $y=x^2-2\ln x$ 的单调区间与极值.

15. 求曲线 $y=x^3-6x^2-x+2$ 的凹凸区间与拐点.

16. 证明: 当 $x>0$ 时, $\ln(1+x^2)<2x\arctan x$.

17. 求曲线 $y=1+\dfrac{1}{(x-2)^2}$ 的水平渐近线和铅直渐近线.

18. 证明方程 $\cos x-x+1=0$ 在 $(0,\pi)$ 内至少有一个实根.

19. 已知 $(1,-1)$ 为曲线 $y=x^3+ax^2+bx+c$ 的拐点, $x=0$ 为函数 $y=x^3+ax^2+bx+c$ 的极值点, 求常数 a,b,c.

20. 设 $a_0+\dfrac{a_1}{2}+\dfrac{a_2}{3}+\cdots+\dfrac{a_n}{n+1}=0$, 证明多项式函数 $f(x)=a_0+a_1x+\cdots+a_nx^n$ 在 $(0,1)$ 内至少有一个零点.

2018 级

1. 判断 $f(x)=(2-\sqrt{3})^x+(2+\sqrt{3})^x$ 的奇偶性.

2. 求 $\lim\limits_{x\to\infty}\dfrac{5x^3}{x^2+2x+5}\sin\dfrac{2}{x}$.

3. $f(x)=\lim\limits_{t\to\infty}\left(1+\dfrac{x}{t}\right)^t$, 求 $f(x), f(\ln 3)$.

4. 求 $\lim\limits_{x\to 0}\dfrac{(e^{x^3}-1)\tan x}{(1-\cos x)^2}$.

5. 求 $\lim\limits_{x\to 0}\dfrac{\sin^2 x\arctan x}{x\ln(1+2x^2)}$.

6. 求 $\lim\limits_{x\to\infty}\left(\dfrac{2x+3}{2x+1}\right)^x$.

7. 求 $f(x) = \dfrac{3^{\frac{1}{x}} - 1}{3^{\frac{1}{x}} + 1}$ 的间断点,并判别间断点的类型.

8. $f(x) = \begin{cases} \dfrac{e^{6x}-1}{x}, & x \neq 0 \\ a, & x = 0 \end{cases}$ 在 $x=0$ 处连续,求 a,进而求 $f'(0)$.

9. $y = \dfrac{x}{e^x}$,求 y', y''.

10. $\sqrt{x} + \sqrt{y} = 1$,求 $\dfrac{dy}{dx}$.

11. $y = \ln(\sin e^x)$,求 y', dy.

12. 求曲线 $\begin{cases} x = 1 + \sin t \\ y = t^2 + t \end{cases}$ 在 $t=0$ 处的切线方程和法线方程.

13. 证明:当 $x > 0$ 时,$\ln(1+x) > x - \dfrac{x^2}{2}$.

14. 求 $y = \ln(1+x^2)$ 的单调区间与极值.

15. 求曲线 $y = 2x^3 + 3x + 6$ 的凹凸区间与拐点.

16. 证明:$\arcsin x + \arccos x = \dfrac{\pi}{2}$, $x \in [-1, 1]$.

17. 求曲线 $y = \dfrac{1}{x+2}$ 的水平渐近线和铅直渐近线.

18. 已知 $(2, 4)$ 为曲线 $y = ax^3 + bx^2$ 的拐点,求常数 a, b.

19. 求 $\lim\limits_{x \to 0} \dfrac{6^x - 2^x}{x}$.

20. 证明方程 $x^5 - 7x = 4$ 在 $(1, 2)$ 内至少有一个实根.

二、高等数学上册期末试题

2005 级

1. $f(x)$ 连续,且 $\int_0^{x^2(1+x)} f(t) dt = x^5$,求 $f(2)$.

2. 求 $\lim\limits_{x \to 0} \left(\dfrac{1}{x^2} - \dfrac{\cos^2 x}{\sin^2 x} \right)$.

3. $y = \ln \dfrac{\sec x + \tan x}{\csc x + \cot x}$,求 y' 及 dy.

4. 求函数 $y = \dfrac{\ln x}{x}$ 的定义域,单调增、减区间,极值,图形的凹凸区间,拐点及渐近线.

5. $f(x) = \begin{cases} a + bx^2, & x \leq 0 \\ \dfrac{\sin bx}{2x}, & x > 0 \end{cases}$ 在 $x = 0$ 处连续,求 a, b 所满足的关系式.

6. 求 $\lim\limits_{x \to 0} (x + e^x)^{\frac{1}{x}}$.

7. $x^y = y^x$,求 $\dfrac{dy}{dx}$.

8. 求曲线 $x^{\frac{2}{3}} + y^{\frac{2}{3}} = a^{\frac{2}{3}}$ $(x \geq 0, y \geq 0, a > 0)$ 上任意一点 (x, y) 处的切线界于两坐标轴之间的长度.

9. 求 $\lim\limits_{x \to 0} \dfrac{\int_0^{\sin 2x} \ln(1+t) dt}{x^2}$.

10. 求 $\int \dfrac{\cos x - \sin x}{2 + \sin 2x} dx$.

11. 计算 $\int_{-1}^{1} x^2 [\arcsin x + (1-x^2)^{\frac{3}{2}}] dx$.

12. 计算曲线 $y = \sin x$, $y = \cos x$ 与直线 $x = 0$, $x = 2\pi$ 所围平面图形的面积.

13. 设 a, b, c 为单位向量,且满足关系式 $a + b + c = 0$,求 $a \cdot b + b \cdot c + c \cdot a$ 的值.

14. 求通过点 $M(1, 0, -1)$ 且平行于直线 $\dfrac{x-2}{1} = \dfrac{y+1}{2} = \dfrac{z}{3}$,垂直于平面 $x - y + z = 0$ 的平面方程.

15. 计算 $\int_0^{\frac{\pi}{4}} \dfrac{\sin 2x}{\sin^4 x + \cos^4 x} dx$.

16. 证明:$e^\pi > \pi^e$.

2006 级

1. 求 $\lim\limits_{x \to 0} \dfrac{e^{x^2} - 1}{x \ln(1+x)}$.

2. 求 $\lim\limits_{x \to \infty} \left(\dfrac{x-1}{x-6}\right)^x$.

3. 求 $\lim\limits_{x \to 0} \dfrac{\int_0^x \dfrac{t^2}{\sqrt{1+3t}} dt}{x - \sin x}$.

4. $y = \dfrac{x}{\sqrt{4-x^2}} - \arcsin \dfrac{x}{2}$,求 y'.

5. $f(x) = \dfrac{(x-1)(x-2)\cdots(x-9)}{(x+1)(x+2)\cdots(x+9)}$,求 $f'(1)$.

6. $\begin{cases} x = \arctan \sqrt{t} \\ y = \ln(1+t) \end{cases}$,求 $\dfrac{dy}{dx}, \dfrac{d^2 y}{dx^2}$.

7. 求 $\int \dfrac{1 + \sin^2 x}{1 + \cos 2x} dx$.

8. 求 $\int x \arctan x \, dx$.

9. 求 $\int \dfrac{dx}{x^2 \sqrt{b^2 - x^2}}$ $(b > 0)$.

10. 计算 $\int_{-2}^{2} (x-2) \sqrt{4-x^2} \, dx$.

11. 计算 $\int_0^\pi \sqrt{\sin^3 x - \sin^5 x}\, dx$.

12. 计算 $\int_0^1 \dfrac{4}{4 - e^x}\, dx$.

13. $|a| = 4$, $|b| = 3$, $(a, b) = \dfrac{\pi}{6}$,求以 $a + 2b, a - 2b$ 为邻边的平行四边形的面积.

14. $|a| = 3$, $|b| = 4$, $(a,b) = \dfrac{2}{3}\pi$,求 $|a - b|$.

15. $a = \{3, -2, 5\}$, $b = \{0, 3, -4\}$, $c = \{1, 1, 1\}$,且 $(3a + \lambda b) \perp c$,求 λ.

16. 求过点 $A(2,3,0), B(-2,3,4), C(0,6,0)$ 的平面的一般式方程.

17. 求过点 $M(0,2,4)$ 且平行于平面 $x + 2z = 1$ 及 $y - 3z = 2$ 的直线方程.

18. 求曲线 $y = x^2 - 1$ 与直线 $y = x + 1$ 围成的平面图形的面积.

19. 证明:当 $x > 1$ 时,$\ln x > \dfrac{2(x-1)}{x+1}$.

20. 设 a, b 为任意正实数,证明:$\int_0^1 x^a (1-x)^b\, dx = \int_0^1 x^b (1-x)^a\, dx$.

2007 级

1. 求 $\lim\limits_{x \to 0} \dfrac{1 - \cos x}{x(e^x - 1)}$.

2. 求 $\lim\limits_{x \to +\infty} \dfrac{\sqrt{x^3} \sin \dfrac{1}{x}}{\sqrt{x} + 1}$.

3. 求 $\lim\limits_{x \to 0} \dfrac{\int_0^{x^3} e^{-t^2}\, dt}{x - \sin x}$.

4. 求垂直于直线 $2x - 6y + 1 = 0$ 且与曲线 $y = x^3 + 3x^2 + 2$ 相切的直线方程.

5. $y = \cot\sqrt{1 - x^2}$,求 y'.

6. $\begin{cases} x = 1 + t^2 \\ y = \sin t \end{cases}$,求 $\dfrac{dy}{dx}, \dfrac{d^2 y}{dx^2}$.

7. 设函数 $y = y(x)$ 由方程 $e^{xy} - y^2 = 1$ 确定,求 $\dfrac{dy}{dx}$.

8. 求 $\int \dfrac{x + \arctan x}{1 + x^2}\, dx$.

9. 求 $\int x \sin x \cos x\, dx$.

10. 设 $\dfrac{\ln x}{x}$ 是 $f(x)$ 的一个原函数,求 $\int x f'(x)\, dx$.

11. 求 $\int \dfrac{\sin 2x}{1 + \sin^2 x}\, dx$.

12. 计算 $\int_0^{\frac{1}{2}} \dfrac{1 + x}{\sqrt{1 - x^2}}\, dx$.

13. 计算 $\int_0^\pi \cos^6 \dfrac{x}{2}\, dx$.

14. 计算 $\int_{-1}^{1} x^2 [\sin x + (1-x^2)^{\frac{3}{2}}] dx$.

15. 计算 $\int_{0}^{\frac{\pi}{4}} \dfrac{x}{\cos^2 x} dx$.

16. 求曲线 $y = e^x, x^2 + y^2 = 1$ 及直线 $x = 1$ 围成的平面图形绕 x 轴旋转一周所成的体积.

17. $|\boldsymbol{a}| = 2, |\boldsymbol{b}| = \sqrt{3}, \boldsymbol{a} \cdot \boldsymbol{b} = 3$, 求 $|\boldsymbol{a} \times \boldsymbol{b}|$ 的值.

18. $\boldsymbol{a}, \boldsymbol{b}, \boldsymbol{c}$ 为单位向量, 满足关系式 $\boldsymbol{a} + \boldsymbol{b} + \boldsymbol{c} = \boldsymbol{0}$, 试求 $\boldsymbol{a} \cdot \boldsymbol{b} + \boldsymbol{b} \cdot \boldsymbol{c} + \boldsymbol{c} \cdot \boldsymbol{a}$ 的值.

19. 求过点 $M(-1, -4, 3)$ 且和直线 $\begin{cases} 2x - 4y + z - 1 = 0 \\ x + 3y - 5 = 0 \end{cases}$ 垂直的平面方程.

20. 求曲线 $y = x^3 - 3x + 2$ 和它右极值点处的切线所围图形的面积.

2008 级

1. $f(x) = \lim\limits_{t \to +\infty} (1 + \dfrac{x}{t})^{3t}$, 求 $f(\ln 3)$.

2. 求 $\lim\limits_{n \to \infty} n \left[\sin \dfrac{1}{n} + \ln\left(1 + \dfrac{1}{n}\right) \right]$.

3. 求 $\lim\limits_{x \to 0} \left[\dfrac{1}{\ln(1+x)} - \dfrac{1}{x} \right]$.

4. 求 $\lim\limits_{x \to 0} \dfrac{\left(\int_0^x e^{t^2} dt\right)^2}{\int_0^x t e^{2t^2} dt}$.

5. $y = 8^{\sin^2 \frac{1}{x}} + e^{\pi}$, 求 dy.

6. 已知点 $(1, 6)$ 为曲线 $y = ax^3 + bx^2$ 的拐点, 求 a, b.

7. $\begin{cases} x = \arctan t \\ y = \ln(1 + t^2) \end{cases}$, 求 $\dfrac{dy}{dx}, \dfrac{d^2 y}{dx^2}$.

8. 求曲线 $x^{\frac{2}{3}} + y^{\frac{2}{3}} = a^{\frac{2}{3}}$ 在点 $M\left(\dfrac{\sqrt{2}}{4} a, \dfrac{\sqrt{2}}{4} a\right)$ 处的切线方程.

9. 求 $\int \dfrac{dx}{x^2 (1 + x^2)}$.

10. 求 $\int \tan^4 x \, dx$.

11. 求 $\int \dfrac{x \arcsin x}{\sqrt{1 - x^2}} dx$.

12. 设 $\dfrac{\sin x}{x}$ 是 $f(x)$ 的一个原函数, 求 $\int x f'(x) dx$.

13. 计算 $\int_0^4 e^{\sqrt{x}} dx$.

14. $f(x)$ 连续, 且 $\int_0^{1+x^3} f(t) dt = x^2 - 1$, 求 $f(9)$.

15. 计算 $\int_{-\frac{\pi}{2}}^{\frac{\pi}{2}} \dfrac{\cos x + \sin x}{1 + \sin^2 x} dx$.

16. 求曲线 $y = \dfrac{\sqrt{x}}{1+x^2}$ 绕 x 轴旋转一周所得旋转体的体积.

17. 已知 $\boldsymbol{a}+\boldsymbol{b} = \{3,5,7\}$, $\boldsymbol{a}-\boldsymbol{b} = \{-1,-1,-1\}$, 求以 $\boldsymbol{a},\boldsymbol{b}$ 为邻边的平行四边形的面积.

18. 求过点 $(1,2,3)$ 且与直线 $\dfrac{x+1}{4} = \dfrac{y-1}{5} = \dfrac{z+5}{6}$ 垂直的平面方程.

19. 求过点 $(2,3,4)$ 垂直于直线 $\dfrac{x}{5} = \dfrac{y}{6} = \dfrac{z+1}{7}$ 且平行于平面 $4x-2y+3z-10=0$ 的直线方程.

20. $f(x)$ 在闭区间 $[a,b]$ 上连续, 且 $f(x) > 0$. 证明方程 $\int_a^x f(t)\mathrm{d}t + \int_b^x \dfrac{1}{f(t)}\mathrm{d}t = 0$ 在开区间 (a,b) 内有且仅有一个实根.

2009 级

1. 求 $\lim\limits_{x\to 0} \dfrac{(\mathrm{e}^x-1)^4}{(1-\cos x)\sin^2 x}$.

2. 已知 $\lim\limits_{x\to\infty} \left(\dfrac{x+2a}{x-a}\right)^x = 8$, 求 a.

3. 求 $\lim\limits_{x\to\infty} x\left[\sin\dfrac{1}{x} + \ln\left(1+\dfrac{1}{x}\right)\right]$.

4. 求 $\lim\limits_{x\to +\infty} x\left(\dfrac{\pi}{2} - \arctan x\right)$.

5. $f(x) = \ln(\tan x + \sec x)$, 求 $f'\left(\dfrac{\pi}{4}\right)$.

6. 求曲线 $f(x) = \ln(x+\sqrt{1+x^2})$ 的拐点.

7. $f(x)$ 连续, 且 $\int_0^{x^3+x^2} f(t)\mathrm{d}t = x^{10}$, 求 $f(2)$.

8. 求曲线 $x^{\frac{2}{3}} + y^{\frac{2}{3}} = a^{\frac{2}{3}}$ 在点 $M\left(\dfrac{\sqrt{2}}{4}a, \dfrac{\sqrt{2}}{4}a\right)$ 处的切线方程.

9. $\begin{cases} x = t^2 + 4t \\ y = \dfrac{2}{3}t^3 + 2t^2 \end{cases}$, 求 $\dfrac{\mathrm{d}y}{\mathrm{d}x}, \dfrac{\mathrm{d}^2 y}{\mathrm{d}x^2}$.

10. 求 $\int \cos^3 x \mathrm{d}x$.

11. 求 $\int \dfrac{\sin x}{1+\sin x}\mathrm{d}x$.

12. 求 $\int \dfrac{\mathrm{d}x}{x^2\sqrt{a^2-x^2}}$ $(a>0)$.

13. 求位于曲线 $y = \mathrm{e}^x$ 的下方, 该曲线过原点的切线的左方, 以及 x 轴上方之间图形的面积.

14. 计算 $\int_{-1}^{1} x^2\left[\arcsin x + (1-x^2)^{\frac{3}{2}}\right]\mathrm{d}x$.

15. 计算 $\int_0^1 \arctan x \mathrm{d}x$.

16. 求由曲线 $y = \dfrac{1}{x}$,直线 $y = 4x, x = 2$ 所围成的平面图形绕 x 轴旋一周所得旋转体体积.

17. $|a| = 3, |b| = 2, (a, b) = \dfrac{\pi}{6}$,求以 $a + 2b, a - 3b$ 为邻边的平行四边形的面积.

18. 求过点 $(2, 0, -3)$ 且与直线 $\begin{cases} x - 2y + 4z - 7 = 0 \\ 3x + 5y - 2z + 1 = 0 \end{cases}$ 垂直的平面方程.

19. 求过点 $(1, 2, 3)$ 且与平面 $3x + 4y + 5z - 6 = 0$ 垂直的直线方程.

20. 证明:$\displaystyle\int_x^1 \dfrac{\mathrm{d}x}{1+x^2} = \int_1^{\frac{1}{x}} \dfrac{\mathrm{d}x}{1+x^2}$ $(x > 0)$.

2010 级

1. $y = \displaystyle\lim_{x \to \infty}\left[t\left(1 + \dfrac{1}{x}\right)^{2tx}\right]$,求 $\mathrm{d}y$.

2. 求 $\displaystyle\lim_{n \to \infty}\left(1 + \dfrac{1}{n} + \dfrac{1}{n^2}\right)^n$.

3. 求 $\displaystyle\lim_{x \to 0}\dfrac{\mathrm{e}^x - \mathrm{e}^{-x} - 2x}{x - \sin x}$.

4. 求 $f(x) = \displaystyle\int_0^{x^2} \ln(2 + t)\mathrm{d}t$ 的极值.

5. 求 $\displaystyle\lim_{x \to 0}\dfrac{\displaystyle\int_0^{\sin 4x} \ln(1 + t)\mathrm{d}t}{x^2}$.

6. $f(x) = \ln(x + \sqrt{1 + x^2})$,求 $f'(x), f''(x), f''(0)$.

7. $\begin{cases} x = t^3 \\ y = 1 + t^5 \end{cases}$,求 $\dfrac{\mathrm{d}y}{\mathrm{d}x}, \dfrac{\mathrm{d}^2 y}{\mathrm{d}x^2}$.

8. 已知点 $(1, -1)$ 是曲线 $y = x^3 + ax^2 + bx + c$ 的拐点,$x = 0$ 是函数 $y = x^3 + ax^2 + bx + c$ 的极值点,求常数 a, b, c.

9. 求 $\displaystyle\int \dfrac{\sin 2x}{1 + \sin^4 x}\mathrm{d}x$.

10. 求 $\displaystyle\int \arctan x \mathrm{d}x$.

11. 计算 $\displaystyle\int_0^1 x^2 \sqrt{1 - x^2}\mathrm{d}x$.

12. 计算 $\displaystyle\int_0^4 \dfrac{\mathrm{d}x}{1 + \sqrt{x}}$.

13. 求 $\displaystyle\int \mathrm{e}^{\sqrt{x}}\mathrm{d}x$.

14. 计算 $\displaystyle\int_0^1 \arcsin x \mathrm{d}x$

15. 计算 $\displaystyle\int_0^{+\infty} \dfrac{\arctan x}{1 + x^2}\mathrm{d}x$.

16. 求由曲线 $y = \mathrm{e}^x, x^2 + y^2 = 1$ 及直线 $x = 1$ 所围成的平面图形绕 x 轴旋转一周所得旋转体体积.

17. 求过点 $(3,2,1)$ 且与平面 $9x+2y+5z-7=0$ 垂直的直线方程.

18. $|\boldsymbol{a}|=\sqrt{3}$，$|\boldsymbol{b}|=2$，$\boldsymbol{a}\cdot\boldsymbol{b}=\sqrt{3}$，求 $|\boldsymbol{a}\times\boldsymbol{b}|$ 的值.

19. 求过点 $(1,0,-1)$ 平行于直线 $\dfrac{x-2}{1}=\dfrac{y+1}{2}=\dfrac{z}{3}$ 且垂直于平面 $x-y+z=0$ 的平面方程.

20. 说明曲线 $\sqrt{x}+\sqrt{y}=6$ 任意一点处的切线在两坐标轴上的截距之和为一常数.

2011 级

1. $f(x)$ 连续，且 $\displaystyle\int_0^{\ln x}f(t)\mathrm{d}t=\dfrac{\ln x}{x}$，求 $f(1)$.

2. 已知 $\displaystyle\lim_{x\to\infty}\left(\dfrac{x+a}{x-a}\right)^x=16$，求常数 a.

3. 求 $\displaystyle\lim_{x\to 0}\dfrac{\tan x-x}{x-\sin x}$.

4. $\begin{cases}x=t^3+6\\ y=3t^9\end{cases}$，求 $\dfrac{\mathrm{d}y}{\mathrm{d}x}$，$\dfrac{\mathrm{d}^2 y}{\mathrm{d}x^2}$.

5. 求 $\displaystyle\lim_{x\to+\infty}\dfrac{\ln(1+\mathrm{e}^{3x})}{\ln(1+\mathrm{e}^x)}$.

6. 求曲线 $y=\ln(x+\sqrt{1+x^2})$ 的凹凸区间.

7. 求 $y=\dfrac{\ln x}{x}$ 的极值.

8. 求曲线 $x^2+xy+y^2=3$ 在点 $M(1,1)$ 处的切线方程.

9. 求 $\displaystyle\int\dfrac{\mathrm{d}x}{x(1+x^2)}$.

10. 设 $\dfrac{\mathrm{e}^x}{x}$ 是 $f(x)$ 的一个原函数，求 $\displaystyle\int xf'(x)\mathrm{d}x$.

11. 计算 $\displaystyle\int_0^{\frac{1}{2}}\dfrac{1+x}{\sqrt{1-x^2}}\mathrm{d}x$.

12. 求 $\displaystyle\int\arcsin x\,\mathrm{d}x$.

13. 计算 $\displaystyle\int_0^1\dfrac{\mathrm{d}x}{\mathrm{e}^x+\mathrm{e}^{-x}}$.

14. 计算 $\displaystyle\int_0^9\dfrac{\mathrm{d}x}{1+\sqrt{x}}$.

15. 计算 $\displaystyle\int_0^{+\infty}\dfrac{(\arctan x)^2}{1+x^2}\mathrm{d}x$.

16. $|\boldsymbol{a}|=4$，$|\boldsymbol{b}|=3$，$(\boldsymbol{a},\boldsymbol{b})=\dfrac{\pi}{6}$，求以 $\boldsymbol{a}+\boldsymbol{b}$，$\boldsymbol{a}-\boldsymbol{b}$ 为邻边的平行四边形的面积.

17. 求过点 $(3,0,9)$ 且与直线 $\dfrac{x-9}{1}=\dfrac{y-2}{2}=\dfrac{z-5}{4}$ 平行的直线方程.

18. 求过点 $(3,2,1)$ 且与直线 $\begin{cases}2x+4y+z-1=0\\ x+3y+z-2=0\end{cases}$ 垂直的平面方程.

19. 求由曲线 $y = \dfrac{1}{x}$，直线 $y = x, x = 2$ 所围成的平面图形绕 x 轴旋转一周所得旋转体体积.

20. $f(x)$ 在 $[a,b]$ 上连续，证明 $\int_a^b f(a+b-x)\mathrm{d}x = \int_a^b f(x)\mathrm{d}x$.

2012 级

1. $y = \mathrm{e}^{\sin\sqrt{x}}$，求 $\mathrm{d}y$.

2. 求 $\lim\limits_{x \to +\infty} (\ln x)^{\frac{1}{x}}$.

3. 求曲线 $\mathrm{e}^y + xy = \mathrm{e}$ 上点 $M(0,1)$ 处的切线方程.

4. 求 $y = x - \ln(1+x)$ 的极值.

5. $\begin{cases} x = 4\arctan t \\ y = \ln(1+t^2) \end{cases}$，求 $\dfrac{\mathrm{d}y}{\mathrm{d}x}, \dfrac{\mathrm{d}^2 y}{\mathrm{d}x^2}$.

6. 求曲线 $y = \dfrac{x}{\mathrm{e}^x}$ 的凹凸区间与拐点.

7. 求 $\displaystyle\int \dfrac{\mathrm{d}x}{\mathrm{e}^{-x} + \mathrm{e}^x}$.

8. 求 $\displaystyle\int \dfrac{x + \arctan x}{1+x^2}\mathrm{d}x$.

9. 求 $\displaystyle\int \dfrac{\mathrm{d}x}{x^2 \sqrt{x^2-1}}$.

10. 计算 $\displaystyle\int_0^4 \dfrac{x+2}{\sqrt{2x+1}}\mathrm{d}x$.

11. 计算 $\displaystyle\int_{-\infty}^{+\infty} \dfrac{\mathrm{d}x}{1+x^2}$.

12. 求 $\displaystyle\int \dfrac{x\mathrm{e}^x}{(1+\mathrm{e}^x)^2}\mathrm{d}x$.

13. 求 $\lim\limits_{x \to 0} \dfrac{\left(\int_0^x \mathrm{e}^{t^2}\mathrm{d}t\right)^2}{\int_0^x t\mathrm{e}^{2t^2}\mathrm{d}t}$.

14. 求由曲线 $y = \dfrac{1}{x}$ 与直线 $y = x, x = 2$ 所围成的平面图形的面积.

15. $g(x) = \displaystyle\int_{\frac{1}{x}}^{\ln x} xf(t)\mathrm{d}t$，求 $g'(x)$.

16. 计算 $\displaystyle\int_{-\pi}^{\pi} [\sqrt{1+\cos 2x} + |x| \sin x]\mathrm{d}x$.

17. 计算由椭圆 $\dfrac{x^2}{16} + \dfrac{y^2}{9} = 1$ 所围成的平面图形绕 x 轴旋转一周而成的旋转体的体积.

18. $\boldsymbol{a} = \{2,2,2\}, \boldsymbol{b} = \{1,2,4\}$，求以 $\boldsymbol{a}, \boldsymbol{b}$ 为邻边的平行四边形的面积.

19. 求过点 $(3,2,1)$ 且与直线 $\dfrac{x-7}{9} = \dfrac{y}{2} = \dfrac{z-4}{5}$ 垂直的平面方程.

20. 求过点 $(1,2,4)$ 且与直线 $\begin{cases} 2x+4y+z-6=0 \\ x+3y+z+5=0 \end{cases}$ 平行的直线方程.

2013 级

1. $y = \lim\limits_{t \to \infty} \left(1 + \dfrac{1}{t}\right)^{9tx}$,求 y', dy.

2. 求 $\lim\limits_{x \to 0} \dfrac{\int_0^{x^2} \sin t^3 \, dt}{x^8}$.

3. 求 $\lim\limits_{x \to 0} \left(\dfrac{1}{x} - \dfrac{1}{e^x - 1}\right) dx$.

4. $\begin{cases} x = \arctan t \\ y = \ln(1 + t^2) \end{cases}$,求 $\dfrac{dy}{dx}, \dfrac{d^2 y}{dx^2}$.

5. $\lim\limits_{x \to \infty} \left(\dfrac{x + 3a}{x - a}\right)^x = 16$,求常数 a.

6. 求曲线 $xy + \ln y = 1$ 在点 $(1,1)$ 处的切线方程和法线方程.

7. 证明:当 $x > 0$ 时,$(1 + x)\ln(1 + x) > \arctan x$.

8. 求 $\int \dfrac{e^{\sqrt{x}}}{\sqrt{x}} dx$.

9. 求 $\int \dfrac{x}{\sqrt{9 + x^2}} dx$.

10. $f(x)$ 的一个原函数是 $\sin x$,求 $\int x f'(x) dx$.

11. 计算 $\int_0^3 \sqrt{9 - x^2} \, dx$.

12. 计算 $\int_{-1}^1 \dfrac{2 + \sin^3 x}{1 + x^2} dx$.

13. 计算 $\int_0^{+\infty} e^{-3x} dx$.

14. 求由曲线 $y = \sqrt{x}$ 与直线 $y = x$ 所围成的平面图形的面积.

15. 求由曲线 $y = \dfrac{1}{x}$,直线 $y = x, x = 3$ 所围成的平面图形绕 x 轴旋转一周而成的旋转体的体积.

16. $\boldsymbol{a} = \{2, 4, 1\}, \boldsymbol{b} = \{1, 3, 1\}$,求以 $\boldsymbol{a}, \boldsymbol{b}$ 为邻边的平行四边形的面积.

17. 求过点 $(9, 2, 5)$ 且与直线 $\begin{cases} x + 2y + 3z + 6 = 0 \\ 3x + y + 2z - 9 = 0 \end{cases}$ 垂直的平面方程.

18. 求过点 $(3, 2, 1)$ 且与平面 $x + 2y + 3z + 7 = 0$ 垂直的直线方程.

19. $f(x) = \int_0^x t e^{-t^2} dt$,按要求填空:
    (1) $f(x)$ 的奇偶性 _____; (2) $f'(x) =$ _____;
    (3) $f''(x) =$ _____; (4) $f(x)$ 的单调增区间为 _____;
    (5) $f(x)$ 的极小值为 _____.

2014 级

1. $y = x 2^{\sqrt{x}}$,求 $\dfrac{dy}{dx}, dy$.

2. $f(x)$ 连续,且 $\int_1^{3+x^2} f(t)dt = \ln(3+x^2)$, 求 $f(x)$.

3. 求 $\lim\limits_{x\to 0}\left(\dfrac{\sin x}{x}\right)^{\frac{1}{x}}$.

4. 求 $\lim\limits_{x\to 0}\dfrac{\int_0^{2x}\tan t^2 dt}{x^3}$.

5. $\begin{cases} x = t^2 \\ y = 2e^t \end{cases}$, 求 $\dfrac{dy}{dx}, \dfrac{d^2y}{dx^2}$.

6. 设函数 $y = y(x)$ 由方程 $x^y = y^x$ 确定, 求 $\dfrac{dy}{dx}$.

7. 求 $y = x - \ln(1+x)$ 的极值.

8. 求 $\int \dfrac{dx}{x(1+\ln^2 x)}$.

9. 求 $\int \dfrac{dx}{x^2\sqrt{1-x^2}}$.

10. 设 $f(x)$ 的一个原函数为 $\cos x$, 求 $\int x f'(x) dx$.

11. 计算 $\int_{-1}^{1} \dfrac{x dx}{\sqrt{5-4x}}$.

12. 计算 $\int_{-\frac{\pi}{2}}^{\frac{\pi}{2}} \sqrt{\cos x - \cos^3 x}\, dx$.

13. 计算 $\int_0^{+\infty} \dfrac{(\arctan x)^3}{1+x^2} dx$.

14. 求由曲线 $y^2 = 2x$ 与直线 $y = x - 4$ 所围平面图形的面积.

15. 求由曲线 $y = x^2$ 与直线 $y = 1$ 所围平面图形绕 x 轴旋转一周所得旋转体的体积.

16. $\boldsymbol{a} = \{1,0,3\}, \boldsymbol{b} = \{0,1,3\}$, 求以 $\boldsymbol{a},\boldsymbol{b}$ 为邻边的平行四边形的面积 S_1, 以及以 $\boldsymbol{a},\boldsymbol{b}$ 为邻边的三角形的面积 S_2.

17. 求过点 $(1,-1,2)$ 且与平面 $3x+2y-z+1=0$ 垂直的直线方程.

18. 求过点 $(1,2,3)$ 且与直线 $\begin{cases} 2y-z+1=0 \\ x-y+2z-1=0 \end{cases}$ 垂直的平面方程.

19. 在圆弧 $y = \sqrt{a^2-x^2}$ ($x \geqslant 0$) 上找一点, 使该点处的切线与圆弧及两坐标轴所围成的平面图形的面积 S 为最小, 并求此最小值.

2015 级

1. $y = \lim\limits_{t\to\infty}\left[x(1+\dfrac{1}{t})^{3tx}\right]$, 求 y', dy.

2. 求 $\lim\limits_{x\to 0}\dfrac{\int_0^{\sin 2x}\ln(1+t)dt}{x^2}$.

3. 求 $\lim\limits_{x\to +\infty}(\ln x)^{\frac{1}{x}}$.

4. $f(x)$ 连续,且 $\int_0^{x^3+x^2} f(t)dt = x^5$,求 $f(2)$.

5. $y = f(e^{\arctan x})$,且 $f(u)$ 可导,求 y',dy.

6. $\begin{cases} x = \arctan t \\ y = \ln(1+t^2) \end{cases}$,求 $\dfrac{dy}{dx}$,$\dfrac{d^2y}{dx^2}$.

7. 求曲线 $x^{\frac{2}{3}} + y^{\frac{2}{3}} = a^{\frac{2}{3}}$ 在点 $M\left(\dfrac{\sqrt{2}}{4}a, \dfrac{\sqrt{2}}{4}a\right)$ 处的切线方程和法线方程.

8. 求 $\int \dfrac{\sin\sqrt{x}}{\sqrt{x}}dx$.

9. 求 $\int \arcsin x\, dx$.

10. 计算 $\int_0^3 e^{\sqrt{x+1}}dx$.

11. 计算 $\int_0^2 \sqrt{4-x^2}\,dx$.

12. 计算 $\int_{-\frac{1}{2}}^{\frac{1}{2}} \dfrac{2+\sin x}{\sqrt{1-x^2}}dx$.

13. 计算 $\int_1^{+\infty} \dfrac{\ln x}{x^2}dx$.

14. 求由曲线 $y = e^x$,$y = e$ 与 $x = 0$ 所围成的平面图形的面积.

15. 求由曲线 $y = e^x$,$x^2 + y^2 = 1$ 及直线 $x = 1$ 所围成的平面图形绕 x 轴旋转一周所得旋转体的体积.

16. $\boldsymbol{a} = \{1,2,3\}$,$\boldsymbol{b} = \{2,3,4\}$,求以 $\boldsymbol{a}$,$\boldsymbol{b}$ 为邻边的平行四边形的面积.

17. 求过点 $(2,0,-1)$ 且与直线 $\begin{cases} 2x-3y+z-4=0 \\ 4x-2y+3z+9=0 \end{cases}$ 垂直的平面方程.

18. 求过点 $(2,1,3)$ 且与平面 $x-2y+3z-1=0$ 垂直的直线方程.

19. $f(x) = \ln(x+\sqrt{1+x^2})$,按要求填空:
   (1) $f(x)$ 的奇偶性为_____; (2) $f'(x) = $_____;
   (3) $f''(x) = $_____; (4) 曲线 $y = f(x)$ 的凸区间为_____;
   (5) 曲线 $y = f(x)$ 的拐点为_____.

2016 级

1. $y = \arcsin\sqrt{x}$,求 y',dy.

2. $f(x)$ 连续,且 $\int_1^{e^x} f(t)dt = e^{2x}$,求 $f(1)$.

3. 求 $\lim\limits_{x\to 0} \dfrac{\int_0^{x^3} e^{-t^2}dt}{x - \sin x}$.

4. 求 $\lim\limits_{x\to +\infty} x\left(\dfrac{\pi}{2} - \arctan x\right)$.

5. 求 $\lim\limits_{x\to 0^+}\left(\dfrac{1}{x}\right)^{\sin x}$.

6. $\begin{cases} x = 1+t^2 \\ y = \ln t \end{cases}$,求 $\dfrac{dy}{dx}, \dfrac{d^2y}{dx^2}$.

7. 求曲线 $e^y + xy = e$ 在点 $(0,1)$ 处的切线方程和法线方程.

8. 求 $y = x - \ln(2+x)$ 的单调区间与极值.

9. 求曲线 $y = \dfrac{x^2}{2} - e^x$ 的凹凸区间与拐点.

10. 求 $\int \cos^3 x \, dx$.

11. 求 $\int \arctan x \, dx$.

12. 计算 $\int_{-1}^{1}[x^4 \sin x + (1-x^2)^{\frac{3}{2}}]dx$.

13. 计算 $\int_{1}^{2}\dfrac{\sqrt{x-1}}{x}dx$.

14. 求由曲线 $y = e^x, y = e^{-x}$ 及直线 $x = 1$ 所围成的平面图形的面积.

15. 设 $\dfrac{\ln x}{x}$ 是 $f(x)$ 的一个原函数,求 $\int xf'(x)dx$.

16. 求由曲线 $y^2 = x$ 与 $y = x^2$ 所围平面图形绕 x 轴旋转一周所得旋转体的体积.

17. 计算 $\int_{0}^{+\infty}\dfrac{x}{(1+x^2)^2}dx$.

18. $\boldsymbol{a} = \{1,1,-1\}, \boldsymbol{b} = \{1,2,4\}$,求以 $\boldsymbol{a}, \boldsymbol{b}$ 为邻边的平行四边形的面积.

19. 求过点 $(4,1,2)$ 且与直线 $\begin{cases} 2x+4y+z-2=0 \\ x+3y+z+3=0 \end{cases}$ 垂直的平面方程.

20. 求过点 $(1,2,3)$ 且与平面 $4x+2y+z-3=0$ 垂直的直线方程.

2017 级

1. 求 $\lim\limits_{x\to 0}\dfrac{(e^{x^2}-1)\sin 2x}{x^2 \arcsin x}$.

2. 求 $\lim\limits_{x\to 0}\dfrac{\int_0^{x^2}\ln(1+t)dt}{\int_0^x(t-\sin t)dt}$.

3. $y = \ln(x+\sqrt{1+x^2})$,求 y', dy.

4. $\begin{cases} x = \cos t \\ y = \sin t \end{cases}$,求 $\dfrac{dy}{dx}, \dfrac{d^2y}{dx^2}$.

5. 求 $y = 2x^2 - \ln x$ 的单调区间与极值.

6. 求 $\int \tan^2 x \, dx$.

7. 求 $\int \dfrac{dx}{x\ln x}$.

8. 计算 $\int_0^1 x\arctan x\,dx$.

9. 求 $\int \dfrac{dx}{x^2\sqrt{1+x^2}}$.

10. 计算 $\int_{-2}^{-1} \dfrac{dx}{1+\sqrt[3]{x+2}}$.

11. 计算 $\int_{-1}^{1}\left(x^2 e^{x^3}+\dfrac{x\tan^2 x}{1+x^2}\right)dx$.

12. 计算 $\int_0^1 \sqrt{(1-x^2)^5}\,dx$.

13. 设 $\arcsin x^2$ 是 $f(x)$ 的一个原函数,求 $\int xf'(x)\,dx$.

14. 求由曲线 $y=e^x$、直线 $x+y=1$ 及 $x=1$ 所围成的平面图形的面积.

15. 求由曲线 $y=x^2$ 与直线 $x+y=2$ 所围成的平面图形绕 x 轴旋转一周而成的旋转体的体积.

16. 计算 $\int_0^{+\infty} xe^{-x^2}\,dx$.

17. $\boldsymbol{a}=\{2,1,-1\}, \boldsymbol{b}=\{1,-1,2\}$,求 $\boldsymbol{a}\times\boldsymbol{b}$.

18. $|\boldsymbol{a}|=2,|\boldsymbol{b}|=4,(\widehat{\boldsymbol{a},\boldsymbol{b}})=\dfrac{\pi}{3}$,求以 $\boldsymbol{a}-\boldsymbol{b},\boldsymbol{a}+\boldsymbol{b}$ 为邻边的平行四边形的面积.

19. 求过点 $(1,-2,1)$ 且与直线 $\begin{cases} 3x+2y-z+1=0 \\ x+2z-3=0 \end{cases}$ 垂直的平面方程.

20. 求过点 $(1,1,-2)$ 且与平面 $3x+4y-z+6=0$ 垂直的直线方程.

2018 级

1. 求 $\lim\limits_{x\to\infty} x\left[\sin\dfrac{1}{x}+\ln\left(1+\dfrac{1}{x}\right)\right]$.

2. 求 $\lim\limits_{x\to+\infty} \dfrac{\ln(1+e^{3x})}{\ln(1+e^x)}$.

3. 已知点 $(1,-1)$ 是曲线 $y=x^3+ax^2+bx+c$ 的拐点,$x=0$ 是函数 $y=x^3+ax^2+bx+c$ 的极值点,求常数 a,b,c.

4. 证明曲线 $\sqrt{x}+\sqrt{y}=9$ 上任意一点处的切线在两坐标轴上的截距之和为常数.

5. 求 $\int \dfrac{x^4}{x^2+1}\,dx$.

6. 求 $\int \dfrac{\sin x+\cos x}{\sqrt[3]{\sin x-\cos x}}\,dx$.

7. 求 $\int \dfrac{dx}{x^2\sqrt{x^2-1}}$.

8. 求 $\int \dfrac{x\arcsin x}{\sqrt{1-x^2}}\,dx$.

9. 计算 $\int_0^1 \dfrac{dx}{e^{-x}+e^x}$.

10. 计算 $\int_{-1}^{1}[|x|+x^{2019}]e^{x^2}\,dx$.

11. 计算 $\int_0^9 e^{\sqrt{x}} dx$.

12. 计算 $\int_1^{+\infty} \frac{1}{x^2} e^{\frac{1}{x}} dx$.

13. 已知 $f(x)$ 的一个原函数为 $\sin^2 x$,求 $\int xf'(x) dx$.

14. $f(x)$ 连续,且 $\int_0^{e^x} f(t) dt = \frac{e^x}{x}$,求 $f(e^x), f(e^2)$.

15. 求由曲线 $y = \frac{1}{x}$,与直线 $y = x, x = 5$ 所围成的平面图形的面积.

16. $|\boldsymbol{a}| = 4, |\boldsymbol{b}| = 3, (\boldsymbol{a}, \boldsymbol{b}) = \frac{\pi}{6}$,求以 $\boldsymbol{a} + 2\boldsymbol{b}, \boldsymbol{a} - 2\boldsymbol{b}$ 为邻边的平行四边形的面积.

17. 求过点 $(3,2,1)$ 且与直线 $\begin{cases} x+2y+3z-3=0 \\ 3x+y+2z+4=0 \end{cases}$ 垂直的平面方程.

18. 求过点 $(7,0,4)$ 且与直线 $\frac{x-9}{3} = \frac{y-2}{2} = \frac{z-5}{1}$ 平行的直线方程.

19. 已知 $f(x) = \frac{\ln x}{x}$,按要求填空:
   (1) $f'(x) = $ _____;   (2) $f''(x) = $ _____;
   (3) $f(x)$ 的极大值为 _____;   (4) $f(x)$ 图形的水平渐近线为 _____;
   (5) $f(x)$ 图形的铅直渐近线为 _____.

三、高等数学下册期中试题

2005 级

1. $z = 3^x + y^9 + e^{\sin x}$,求 $\frac{\partial z}{\partial x}, \frac{\partial z}{\partial y}$.

2. $z = \ln \sqrt{x^2 + y^2}$,求 dz.

3. $z = f(x^y, y^x)$,求 $\frac{\partial z}{\partial x}, \frac{\partial z}{\partial y}$.

4. 设 $e^z - x^2 y + z^2 = 0$,求 $\frac{\partial z}{\partial x}, \frac{\partial z}{\partial y}$.

5. 求 $u = xyz$ 在点 $M(1,1,1)$ 处方向导数的最大值.

6. $z = \cos(xy) + f\left(y, \frac{y}{x}\right)$,求 $\frac{\partial z}{\partial x}, \frac{\partial z}{\partial y}$.

7. 计算 $\iint_D \frac{y}{x} dx dy$,其中 D 由直线 $y = 2x, y = x, x = 4$ 及 $x = 2$ 所围成.

8. 求由曲面 $z = 4 - \frac{x^2 + y^2}{2}$ 及平面 $z = 2$ 所围立体体积.

9. 计算 $\iint_D \sqrt{x^2 + y^2} dx dy, D: a^2 \leqslant x^2 + y^2 \leqslant b^2, 0 < a < b$.

10. 已知 $I = \int_0^1 dx \int_{x^2}^x f(x,y) dy$,画出积分区域 D 的图形,并交换积分次序.

11. 计算 $\iiint\limits_{\Omega} dv$,其中 $\Omega: \dfrac{x^2}{9} + \dfrac{y^2}{4} + \dfrac{z^2}{16} \leqslant 1$.

12. 设 L 为椭圆 $\dfrac{x^2}{4} + \dfrac{y^2}{3} = 1$,其周长为 a,计算 $\oint_L (3x^2 + 4y^2) ds$.

13. L 为圆周 $x^2 + y^2 = 4$ 的正向,计算 $\oint_L \dfrac{xy^2 dy - x^2 y dx}{x^2 + y^2}$.

14. 计算 $\oiint\limits_{\Sigma} x dy dz + y dz dx + z dy dx$,其中 Σ 是介于平面 $z = 0$ 和 $z = 3$ 之间的圆柱体 $x^2 + y^2 \leqslant 9$ 的整个表面的外侧.

15. 求曲面 $z = x^2 + 2y^2$ 在点 $M(1,1,3)$ 处的切平面方程和法线方程.

16. 计算 $\iint\limits_D (x + y^2) dx dy$,$D$ 是由曲线 $y = x^2$ 及直线 $y = 0, x = 1$ 所围成的平面区域.

17. 证明:曲面 $\sqrt{x} + \sqrt{y} + \sqrt{z} = a$ 任一点处的切平面在各坐标轴上的截距之和为一常数.

18. 计算 $\oiint\limits_{\Sigma} \sqrt{x^2 + y^2 + z^2} ds$,其中 $\Sigma: x^2 + y^2 + z^2 = a^2$.

19. 计算 $\oint_L xy^2 dy - x^2 y dx$,其中 $L: x^2 + y^2 = 4$,顺时针方向.

20. 计算曲面 $z = x^2 + y^2$ 及平面 $z = 1$ 所围立体体积.

2006 级

1. $z = \ln(x + \sqrt{1 + y^2})$,求 dz.

2. $u = \sin(xy) + f\left(x, \dfrac{y}{x}\right)$,其中 f 具有二阶连续偏导数,求 $\dfrac{\partial u}{\partial x}, \dfrac{\partial^2 u}{\partial x \partial y}$.

3. 设 $z^3 - 3xyz = 1$,求 $\dfrac{\partial z}{\partial x}, \dfrac{\partial z}{\partial y}$.

4. $f(x, y, z) = x^2 + xy^3 + z^4$,求 $\mathbf{grad} f(1, -2, 1)$.

5. 求函数 $u = x^2 - xy + z^2$ 在点 $A(1,0,1)$ 处沿从点 $A(1,0,1)$ 到点 $B(3,-1,3)$ 方向的方向导数.

6. 曲线 $\begin{cases} x = t \\ y = t^2 \\ z = t^3 \end{cases}$ 上点 M 处的切线平行于平面 $x + 2y + z = 4$,求点 M 的坐标.

7. 求曲面 $x^2 + 2y^2 + 3z^2 = 6$ 上点 $(1,1,1)$ 处的切平面方程.

8. 要造一个容积为 32 m^3 的无盖长方体水池,问长、宽、高各为何值时,该水池的表面积最小?

9. 已知平面区域 $D: |x| + |y| \leqslant 1$,求 $\iint\limits_D dx dy$.

10. 已知 $D = \{(x,y) \mid x^2 + y^2 \leqslant 1, x \geqslant 0\}$,求 $\iint\limits_D \dfrac{1 + xy}{1 + x^2 + y^2} dx dy$.

11. 求由曲面 $z = \sqrt{x^2 + y^2}$ 与 $z = x^2 + y^2$ 所围成的立体体积.

12. 计算 $\int_0^1 dx \int_x^1 e^{-y^2} dy$.

13. 计算 $\iiint_\Omega (x^2+y^2) dv$,其中 Ω 是由曲面 $x^2+y^2=2z$ 及平面 $z=2$ 所围成的闭区域.

14. 计算 $\iiint_\Omega (x^2+y^2+z^2) dv$,其中 Ω 是由曲面 $x^2+y^2+z^2=1$ 所围成的闭区域.

15. 设平面曲线 L 为上半圆周 $y=\sqrt{1-x^2}$,求 $\int_L (x^2+y^2) ds$.

16. 设 L 为圆域 $x^2+y^2 \leqslant 2x$ 的正向边界,计算 $\oint_L (x^3-y)dx+(x-y^3)dy$.

17. L 为曲线 $x^2+y^2=9$ 上取逆时针方向的上半圆周,计算 $\int_L e^x dx + e^y dy$.

18. 如图所示,L 为 $\overset{\frown}{ACB}$, AC 在 $x^2+y^2=1$ 上, CB 在 $x+2y=2$ 上,计算 $I=\int_L (x^2-y)dx+(3x+ye^y)dy$.

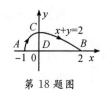

第18题图

19. 计算 $\iint_\Sigma x dy dz + y dz dx + z dx dy$,其中 Σ 是介于平面 $z=0$ 和平面 $z=3$ 之间的圆柱体 $x^2+y^2 \leqslant 4$ 的整个表面的外侧.

20. 证明 $\int_0^a dy \int_0^y e^{m(a-x)} f(x) dx = \int_0^a (a-x) e^{m(a-x)} f(x) dx$.

2007 级

1. $z=\ln\sqrt{x^2+y^2}$,求 $\dfrac{\partial^2 z}{\partial x^2}, \dfrac{\partial^2 z}{\partial y^2}$.

2. $\dfrac{x}{z}=\ln\dfrac{z}{y}$,求 $\dfrac{\partial z}{\partial x}, \dfrac{\partial z}{\partial y}$.

3. $z=f(2x)+yg(2x-y,\sin y)$,其中 f 二阶可导,g 具有二阶连续偏导数,求 $\dfrac{\partial z}{\partial x}, \dfrac{\partial^2 z}{\partial x \partial y}$.

4. 求 $u=xy^2z$ 在点 $M(1,2,1)$ 处的方向导数的最大值.

5. 求曲线 $x=2t, y=t^2, z=t^3$ 在点 $M(2,1,1)$ 处的切线方程和法平面方程.

6. 求曲面 $z=x^2+y^2$ 上平行于平面 $2x+4y-z=0$ 的切平面方程.

7. 在半径为 a 的半球内作内接长方体,问长方体的长、宽、高各为多少时才能使其体积最大?

8. $D: |x| \leqslant 1, |y| \leqslant 1$,求 $\iint_D dx dy$.

9. 已知二次积分 $I=\int_1^e dx \int_0^{\ln x} f(x,y) dy$,画出积分区域 D 的图形,并交换积分次序.

10. 求由曲面 $z=x^2+2y^2$ 及 $z=6-2x^2-y^2$ 所围成的立体体积.

11. 计算 $\iint_D (x^2+y^2) dx dy$,其中 D 由 $y=x^2, x=1, y=0$ 围成.

12. Ω 是以点 $M(3,-2,1)$ 为球心,以 6 为半径的球体,计算 $\iiint_\Omega dv$.

13. 计算 $\iiint_\Omega (x^2+y^2+z^2) dv$,其中 Ω 是由球面 $x^2+y^2+z^2=4$ 所围成的闭区域.

14. 计算 $\iint\limits_{D} \dfrac{x+y}{\sqrt{1+x^2+y^2}} dxdy$,其中 $D: x^2+y^2 \leqslant 1$.

15. 计算 $\iiint\limits_{\Omega}(x^2+y^2)dv$,其中 Ω 是由曲面 $x^2+y^2=2z$ 及平面 $z=2$ 所围成的闭区域.

16. 计算 $\int_{L}(x+y)ds$,其中 L 为连接 $(2,0)$ 及 $(0,2)$ 两点的直线段.

17. 计算 $I = \oint_{L}(x^2 y\cos x + 2xy\sin x - y^2 e^x)dx + (x^2 \sin x - 2ye^x)dy$,其中 L 为正向星形线 $x^{\frac{2}{3}} + y^{\frac{2}{3}} = a^{\frac{2}{3}}$ $(a>0)$.

18. 计算 $\iint\limits_{\Sigma}(x^2+y^2)ds$,其中 Σ 是锥面 $z^2 = 3(x^2+y^2)$ 被平面 $z=0$ 和 $z=3$ 所截得的部分.

19. 计算 $I = \int_{L}(x^2-y)dx - (x+\sin^2 y)dy$,其中 L 是圆周 $y = \sqrt{2x-x^2}$ 上由点 $O(0,0)$ 到点 $A(1,1)$ 的一段弧.

20. 设 Σ 是长方体 $\Omega: 0 \leqslant x \leqslant a, 0 \leqslant y \leqslant b, 0 \leqslant z \leqslant c$ 的整个表面的外侧,计算 $\oiint\limits_{\Sigma} xdydz + ydzdx + zdxdy$.

2008 级

1. $z = \arctan \dfrac{x}{1+y^2}$,求 $dz\big|_{(1,1)}$.

2. 设 $2\sin(x+3y-6z) = x+3y-6z$,求 $\dfrac{\partial z}{\partial x}, \dfrac{\partial z}{\partial y}$.

3. 求函数 $u = xy^2 z$ 在点 $M(1,1,1)$ 处方向导数的最大值.

4. $z = f\left(x, \dfrac{x}{y}\right)$,其中 f 具有二阶连续偏导数,求 $\dfrac{\partial z}{\partial x}, \dfrac{\partial^2 z}{\partial x \partial y}$.

5. 在曲面 $z = xy$ 上求一点,使这点处的法线垂直于平面 $x+3y+z+9=0$,并写出该法线方程.

6. 已知 $f(x,y) = \dfrac{1}{x^2+y^2}$,求 $\mathbf{grad} f(x,y)$.

7. 在 xOy 平面上求一点,使它到三条直线 $x=0, y=0$ 及 $x+2y-16=0$ 的距离二次方之和最小.

8. $I = \int_{0}^{1} dy \int_{-\sqrt{1-y^2}}^{\sqrt{1-y^2}} f(x,y)dx$,画出积分区域的图形,并交换其积分次序.

9. 求曲面 $z = 6 - \sqrt{x^2+y^2}$ 及 $3z = x^2+y^2$ 所围立体的体积.

10. 设平面曲线 L 为右半圆周 $x = \sqrt{1-y^2}$,求 $\int_{L}(x^2+y^2)ds$.

11. 已知 D 是由直线 $y = x$ 与曲线 $y = 4x^2$ 所围成的区域,按要求填写下列二次积分的上下限:
$I = \iint\limits_{D} f(x,y)d\sigma = \int dx \int f(x,y)dy = \int dy \int f(x,y)dx = \int d\theta \int f(r\cos\theta, r\sin\theta) rdr$

12. 计算 $\iint\limits_{D} e^{-y^2} dxdy$,其中 D 是以 $(0,0),(1,1),(0,1)$ 为顶点的三角形区域.

13. 计算 $\iiint\limits_{\Omega} z\,\mathrm{d}v$,其中 Ω 是由曲面 $z = \sqrt{2-x^2-y^2}$ 和 $z = x^2+y^2$ 所围成的闭区域.

14. 计算 $\iiint\limits_{\Omega} (x^2+y^2+y^2)^2\,\mathrm{d}v$,$\Omega$ 是由球面 $x^2+y^2+z^2=1$ 所围成的闭区域.

15. Ω 为椭球体 $\dfrac{x^2}{a^2}+\dfrac{y^2}{b^2}+\dfrac{z^2}{c^2} \leqslant 1$,计算 $\iiint\limits_{\Omega}\mathrm{d}v$.

16. 计算 $\oint_L (x^2+y^2)^n\,\mathrm{d}s$,其中 L 为圆周 $x=a\cos t, y=a\sin t$ $(0 \leqslant t \leqslant 2\pi)$.

17. 计算 $\oiint\limits_{\Sigma} x^2yz^2\,\mathrm{d}y\mathrm{d}z - xy^2z^2\,\mathrm{d}z\mathrm{d}x + 3z\,\mathrm{d}x\mathrm{d}y$,其中 Σ 为平面 $x=0, y=0, z=0, x=1, y=2, z=3$ 所围成的立体表面的外侧.

18. 设 L 是从点 $A(2a,0)$ 到点 $B(0,0)$ 的上半圆周 $x^2+y^2=2ax(a>0)$,计算:
$$I = \int_L \left(1+\frac{x}{1+x^2+y^2}\right)\mathrm{d}x + \left(2x+\frac{y}{1+x^2+y^2}\right)\mathrm{d}y$$

19. 设 m, n 均为正整数,且其中至少有一个为奇数,$D: x^2+y^2 \leqslant a^2$,证明 $\iint\limits_{D} x^m y^n\,\mathrm{d}x\mathrm{d}y = 0$.

20. 证明曲面 $x^{\frac{2}{3}}+y^{\frac{2}{3}}+z^{\frac{2}{3}}=4$ 上任一点处的切平面在各坐标轴上的截距的二次方和为一常数.

2009 级

1. $z = \dfrac{1}{x^2+y^2}$,求 $\mathrm{d}z$.

2. $z = \arctan\dfrac{x}{y}$,求 $\dfrac{\partial z}{\partial x}, \dfrac{\partial z}{\partial y}$.

3. $z = f(x^y, x^2 y)$,求 $\dfrac{\partial z}{\partial x}, \dfrac{\partial z}{\partial y}$.

4. 设 $z^4 - 4xyz = 6$,求 $\dfrac{\partial z}{\partial x}, \dfrac{\partial z}{\partial y}$.

5. 从斜边之长为 a 的所有直角三角形中,求有最大周长的直角三角形.

6. $I = \int_0^2 \mathrm{d}y \int_{y^2}^{2y} f(x,y)\,\mathrm{d}x$,画出积分区域 D 的图形,并交换积分次序.

7. $D: \dfrac{x^2}{9}+\dfrac{y^2}{16} \leqslant 1$,画出 D 的图形,并计算 $\iint\limits_{D} y^3\,\mathrm{d}x\mathrm{d}y$.

8. 计算 $\iint\limits_{D} xy\,\mathrm{d}\sigma$,其中 D 是由直线 $y=3x, y=x, x=1, x=2$ 所围成的闭区域.

9. 计算 $\iint\limits_{D} \mathrm{e}^{x^2+y^2}\,\mathrm{d}\sigma$,其中 $D: x^2+y^2 \leqslant 4$.

10. 计算 $\iint\limits_{D} \sqrt{x^2+y^2}\,\mathrm{d}\sigma$,其中 $D: 4 \leqslant x^2+y^2 \leqslant 9$.

11. 计算以 xOy 面上的圆周 $x^2+y^2=ax$ 围成的闭区域为底,而以曲面 $z=x^2+y^2$ 为顶的曲顶柱体的体积.

12. 计算 $\iiint\limits_{\Omega} (x^2+y^2)\,\mathrm{d}v$,其中 Ω 是由曲面 $x^2+y^2=3z$ 及平面 $z=3$ 所围成的闭区域.

13. 求由曲面 $z = 6 - x^2 - y^2$ 及 $z = \sqrt{x^2 + y^2}$ 所围成的立体体积.

14. 已知 $L: |x| + |y| = 1$,计算 $\oint_L \mathrm{d}s$.

15. 计算 $\iiint_\Omega \sqrt{x^2 + y^2 + z^2} \mathrm{d}v$,其中 Ω 是由球面 $x^2 + y^2 + z^2 = 4$ 所围成的闭区域.

16. 计算 $\iint_\Sigma (z + 2x + \dfrac{4}{3}y)\mathrm{d}s$,其中 Σ 为平面 $\dfrac{x}{2} + \dfrac{y}{3} + \dfrac{z}{4} = 1$ 在第一卦限中的部分.

17. 已知 $\Omega: (x-1)^2 + (y-2)^2 + (z-3)^2 \leqslant 9$,求 $\iiint_\Omega \mathrm{d}v$.

18. 计算 $\oiint_\Sigma x^2 \mathrm{d}y\mathrm{d}z + y^2 \mathrm{d}z\mathrm{d}x + z^2 \mathrm{d}x\mathrm{d}y$,其中 Σ 为平面 $x = 0, y = 0, z = 0, x = 1, y = 1, z = 1$ 所围成的立体表面的外侧.

19. 已知曲线 L 的方程为 $y = 1 - |x| (-1 \leqslant x \leqslant 1)$,$L$ 的起点为 $(-1, 0)$,终点为 $(1, 0)$,计算 $\int_L (xy + 1)\mathrm{d}x + x^2 \mathrm{d}y$.

20. 证明曲面 $\sqrt{x} + \sqrt{y} + \sqrt{z} = 10$ 上任意点处的切平面在各坐标轴上的截距之和为一常数.

2010 级

1. $z = x^y$,求 $\dfrac{\partial z}{\partial x}, \dfrac{\partial z}{\partial y}$.

2. $z = f(ye^x, x + y)$,求 $\dfrac{\partial z}{\partial x}, \dfrac{\partial z}{\partial y}$.

3. $z = e^{\frac{y}{x}}$,求 $\mathrm{d}z$.

4. $e^z - xyz = 0$,求 $\dfrac{\partial z}{\partial x}, \dfrac{\partial z}{\partial y}$.

5. 求曲线 $\Gamma: x = t, y = t^2, z = t^3$ 在点 $M(1, 1, 1)$ 处的切线及法平面方程.

6. 求表面积为 a^2 而体积为最大的长方体的体积.

7. 求旋转抛物面 $z = x^2 + y^2 - 1$ 在点 $M(2, 1, 4)$ 处的切平面方程及法线方程.

8. $I = \int_0^1 \mathrm{d}y \int_{-\sqrt{1-y^2}}^{\sqrt{1-y^2}} f(x, y)\mathrm{d}x$,画出积分区域 D 的图形,并交换积分次序.

9. 计算 $\iint_D \dfrac{x^2}{y^2}\mathrm{d}\sigma$,其中 D 是由直线 $x = 2, y = x$ 及曲线 $xy = 1$ 所围成的闭区域.

10. 计算以 xOy 面上的圆周 $x^2 + y^2 = 2x$ 围成的闭区域为底,而以曲面 $z = x^2 + y^2$ 为顶的曲顶柱体的体积.

11. 已知 D 是由直线 $y = x$ 与曲线 $y = x^2$ 所围成的区域,按要求填写下列二次积分的上下限:
$I = \iint_D f(x, y)\mathrm{d}\sigma = \int \mathrm{d}x \int f(x, y)\mathrm{d}y = \int \mathrm{d}y \int f(x, y)\mathrm{d}x = \int \mathrm{d}\theta \int f(r\cos\theta, r\sin\theta) r \mathrm{d}r$

12. 计算 $\iiint_\Omega \mathrm{d}v$,其中 $\Omega: \dfrac{x^2}{9} + \dfrac{y^2}{25} + \dfrac{z^2}{36} \leqslant 1$.

13. 计算 $\iiint_\Omega x \mathrm{d}v$,其中 Ω 为三个坐标面及平面 $x + y + z = 1$ 所围成的闭区域.

14. 求由曲面 $z = x^2 + 2y^2$ 及 $z = 6 - 2x^2 - y^2$ 所围成的立体体积.

15. 设 L 是圆域 $x^2 + y^2 \leqslant 2y$ 的正向边界,求 $\oint_L (x^3 - y)dx + (x - y^3)dy$.

16. 计算 $\oint_L (2xy - x^2)dx + (x + y^2)dy$,其中 L 是由抛物线 $y = x^2$ 和 $y^2 = x$ 所围成的区域的正向边界曲线.

17. 设平面曲线 L 为下半圆周 $y = -\sqrt{1 - x^2}$,求 $\int_L (x^2 + y^2)ds$.

18. 已知曲面 $\Sigma : x^2 + y^2 + z^2 = a^2$,计算 $\oiint_\Sigma (x^2 + y^2 + z^2)ds$.

19. 计算 $\iint_\Sigma xdydz + ydzdx + xdxdy$,其中 Σ 为上半球面 $z = \sqrt{R^2 - x^2 - y^2}$ 的上侧.

20. 证明曲面 $x^{\frac{2}{3}} + y^{\frac{2}{3}} + z^{\frac{2}{3}} = 3$ 上任一点处的切平面在各坐标轴上的截距的二次方和为一常数.

2011 级

1. $z = \sin(xy)$,求 $\dfrac{\partial z}{\partial x}, \dfrac{\partial z}{\partial y}$.

2. $z = f(\dfrac{x}{y}, xy)$,求 $\dfrac{\partial z}{\partial x}, \dfrac{\partial z}{\partial y}$.

3. $e^z + z - xy = 3$,求 $\dfrac{\partial z}{\partial x}, \dfrac{\partial z}{\partial y}$.

4. 求曲线 $\Gamma : x = t, y = t^2, z = t^3$ 在对应于 $t = 1$ 处的切线方程和法平面方程.

5. $z = \ln(x^2 + y^2)$,求 dz.

6. 求球面 $x^2 + y^2 + z^2 = 14$ 在点 $M(1,2,3)$ 处的切平面方程与法线方程.

7. 从斜边之长为 $\sqrt{2}$ 的所有直角三角形中,求有最大周长的直角三角形.

8. 计算 $\iint_D dxdy$,其中 $D : 1 \leqslant x^2 + y^2 \leqslant 9$.

9. 计算 $\iint_D xd\sigma$,其中 D 是由直线 $y = 2x, y = x, x = 1, x = 3$ 所围成的闭区域.

10. 计算以 xOy 面上的圆周 $x^2 + y^2 = 4$ 围成的闭区域为底,而以曲面 $z = x^2 + y^2$ 为顶的曲顶柱体的体积.

11. 已知 $D : x^2 + y^2 \leqslant 1$,按要求填下列二次积分的上下限.
$$I = \iint_D f(x,y)d\sigma = \int dx \int f(x,y)dy = \int dy \int f(x,y)dx = \int d\theta \int f(r\cos\theta, r\sin\theta)rdr$$

12. 计算 $\iiint_\Omega dv$,其中 $\Omega : \dfrac{x^2}{1} + \dfrac{y^2}{9} + \dfrac{z^2}{4} \leqslant 1$.

13. 已知 $I = \int_0^1 dy \int_y^{\sqrt{y}} f(x,y)dx$,画出积分区域 D 的图形,并交换其积分次序.

14. 求由曲面 $z = x^2 + y^2$ 及 $z = 6 - 2x^2 - 2y^2$ 所围成的立体体积.

15. 计算 $I = \oint_L xy^2 dy - x^2 y dx$,其中 L 为圆周 $x^2 + y^2 = 9$ 的正向.

16. 已知 $L:|x|+|y|=2$，计算 $\oint_L \mathrm{d}s$.

17. 已知 $\Omega:0\leqslant x\leqslant 1,0\leqslant y\leqslant 1,0\leqslant z\leqslant 1$，计算 $\iiint_\Omega (x+y+z)\mathrm{d}v$.

18. 设平面曲线 L 为右半圆周 $x=\sqrt{4-y^2}$，计算 $\int_L (x^2+y^2)\mathrm{d}s$.

19. 已知曲面 $\Sigma:x^2+y^2+z^2=9$，计算 $\oiint_\Sigma \mathrm{d}s$ 及 $\oiint_\Sigma (x^2+y^2+z^2)\mathrm{d}s$.

20. 计算 $\oiint_\Sigma (x+y)\mathrm{d}y\mathrm{d}z$，其中 Σ 是介于平面 $z=0$ 和 $z=3$ 之间的圆柱体 $x^2+y^2\leqslant 4$ 的整个表面的外侧.

2012 级

1. $z=\mathrm{e}^x\sin y$，求 $\dfrac{\partial z}{\partial x},\dfrac{\partial z}{\partial y}$.

2. $z=\dfrac{x}{y}$，求 $\mathrm{d}z$.

3. $z=f(x^2+y^2,xy)$，求 $\dfrac{\partial z}{\partial x},\dfrac{\partial z}{\partial y}$.

4. $z^3+3xyz=9$，求 $\dfrac{\partial z}{\partial x},\dfrac{\partial z}{\partial y}$.

5. 求曲线 $\Gamma:x=t,y=t^2,z=t^3$ 在对应于 $t=2$ 处的切线方程与法平面方程.

6. 求曲面 $\mathrm{e}^z+z+xy=2$ 在点 $M(1,1,0)$ 处的切平面方程与法线方程.

7. 求函数 $f(x,y)=4(x-y)-x^2-y^2$ 的极值.

8. 已知 $I=\int_0^1 \mathrm{d}x\int_{x^2}^x f(x,y)\mathrm{d}y$，画出积分区域 D 的图形，并交换积分次序.

9. 计算 $\iint_D x\mathrm{d}\sigma$，其中 D 是由直线 $y=1,x=3$ 及 $y=x$ 所围成的闭区域.

10. $D:x^2+y^2\leqslant 9$，计算 $\iint_D \mathrm{e}^{x^2+y^2}\mathrm{d}x\mathrm{d}y$.

11. 已知 $D:4\leqslant x^2+y^2\leqslant 9$，画出积分区域 D 的图形，并将 $\iint_D f(x,y)\mathrm{d}x\mathrm{d}y$ 表示成极坐标形式下的二次积分.

12. 计算由曲面 $z=x^2+y^2$ 与 $z=2-x^2-y^2$ 所围成的立体的体积.

13. 计算 $\iiint_\Omega z\mathrm{d}v$，其中 Ω 是由曲面 $z=x^2+y^2$ 与平面 $z=4$ 所围成的闭区域.

14. 已知 $\Omega:0\leqslant x\leqslant 1,0\leqslant y\leqslant 2,0\leqslant z\leqslant 3$，计算 $\iiint_\Omega xy\mathrm{d}v$.

15. 设平面曲线 L 为上半圆周 $y=\sqrt{16-x^2}$，计算 $\int_L (x^2+y^2)\mathrm{d}s$.

16. 计算 $I=\int_L (x+y)\mathrm{d}s$，其中 L 为连接 $(2,0)$ 与 $(0,2)$ 两点的直线段.

17. 计算 $\oint_L (2x-y+4)\mathrm{d}x+(5y+3x-6)\mathrm{d}y$，其中 L 为三顶点分别是 $(0,0),(3,0)$ 和 $(3,2)$ 的

三角形正向边界.

18. 计算 $\oiint_{\Sigma} x\mathrm{d}y\mathrm{d}z + y\mathrm{d}z\mathrm{d}x + z\mathrm{d}x\mathrm{d}y$，其中 Σ 是长方体 Ω 的整个表面的外侧，而
$$\Omega = \{(x,y,z) \mid 0 \leqslant x \leqslant a, 0 \leqslant y \leqslant b, 0 \leqslant z \leqslant c\}$$

19. 填空：

(1) $\int_a^b \mathrm{d}x = $ _____；

(2) 已知 $D: x^2 + y^2 \leqslant 9$，则 $\iint_D \mathrm{d}\sigma = $ _____；

(3) 已知 $\Omega: x^2 + y^2 + z^2 \leqslant 9$，则 $\iiint_\Omega \mathrm{d}v = $ _____；

(4) 已知 $L: x^2 + y^2 = 9$，则 $\oint_L \mathrm{d}s = $ _____；

(5) 已知 $\Sigma: x^2 + y^2 + z^2 = 9$，则 $\oiint_\Sigma \mathrm{d}s = $ _____.

2013 级

1. 写出二元函数 $z = \sqrt{9 - x^2 - y^2} + \sqrt{x^2 + y^2 - 4}$ 的定义域 D，并画出 D 的图形.

2. $z = \mathrm{e}^y \sin x$，求 $\dfrac{\partial z}{\partial x}, \dfrac{\partial z}{\partial y}$.

3. $z = f(x^2 - y^2, xy)$，求 $\dfrac{\partial z}{\partial x}, \dfrac{\partial z}{\partial y}$.

4. $z = \arctan \dfrac{y}{x}$，求 $\dfrac{\partial z}{\partial x}, \dfrac{\partial z}{\partial y}, \mathrm{d}z$.

5. $\mathrm{e}^z + xyz + 6 = 0$，求 $\dfrac{\partial z}{\partial x}, \dfrac{\partial z}{\partial y}$.

6. 求曲线 $\Gamma: x = \dfrac{1}{t}, y = 2t, z = t^2$ 在对应于 $t = 1$ 处的切线方程与法平面方程.

7. 求旋转抛物面 $z = x^2 + y^2 - 1$ 在点 $M(1,2,4)$ 处的切平面方程与法线方程.

8. 已知 $x > 0, y > 0, z > 0$，求函数 $u = xyz$ 在条件 $\dfrac{1}{x} + \dfrac{1}{y} + \dfrac{1}{z} = 1$ 下的极小值.

9. 已知 $I = \int_0^1 \mathrm{d}x \int_0^x f(x,y)\mathrm{d}y$，画出积分区域 D 的图形，并交换积分次序.

10. 计算 $\iint_D \mathrm{e}^{y^2} \mathrm{d}\sigma$，其中 D 是由直线 $y = x, x = 0$ 及 $y = 1$ 所围成的闭区域.

11. 计算 $\iint_D x \mathrm{d}\sigma$，其中 D 是由曲线 $xy = 1$ 与直线 $y = x, x = 2$ 所围成的闭区域.

12. 计算 $\iint_D \mathrm{e}^{x^2 + y^2} \mathrm{d}\sigma$，其中 $D: 9 \leqslant x^2 + y^2 \leqslant 16$.

13. 求由曲面 $z = 4 - \dfrac{x^2 + y^2}{2}$ 与平面 $z = 2$ 所围成的立体的体积.

14. 已知 Ω 是由曲面 $z = x^2 + y^2, y = x^2$ 及平面 $y = 1, z = 0$ 所围成的闭区域：

(1) 画出 Ω 在 xOy 面上的投影区域 D 的图形.

(2) 按要求填写下列三次积分的上下限：

$$\iiint_\Omega f(x,y,z)\mathrm{d}v = \int \mathrm{d}x \int \mathrm{d}y \int f(x,y,z)\mathrm{d}z = \int \mathrm{d}y \int \mathrm{d}x \int f(x,y,z)\mathrm{d}z$$

15. 计算 $I = \oint_L (2xy-y)\mathrm{d}x + (x^2+y^2)\mathrm{d}y$，其中 L 是由抛物线 $y = x^2$ 和 $y^2 = x$ 所围成的区域的正向边界.

16. 已知曲线 $L: x^2 + y^2 = 9$，计算 $\oint_L (x^2+y^2)\mathrm{d}s$.

17. 计算 $I = \oiint_\Sigma (x+z)\mathrm{d}x\mathrm{d}y + (y^2-z^2)\mathrm{d}y\mathrm{d}z$，其中 Σ 为柱面 $x^2+y^2=1$ 及平面 $z=0, z=3$ 所围成的空间闭区域 Ω 的整个边界曲面的外侧.

18. 已知曲面 $\Sigma: x^2+y^2+z^2 = 4$，计算 $\oiint_\Sigma (x^2+y^2+z^2)^2 \mathrm{d}s$.

19. 填空题：

(1) $\int_2^{10} \mathrm{d}x =$ _____；

(2) 已知 $D: 1 \leqslant x^2+y^2 \leqslant 9$，则 $\iint_D \mathrm{d}\sigma =$ _____；

(3) 已知 $D: |x|+|y| \leqslant 1$，则 $\iint_D \mathrm{d}\sigma =$ _____；

(4) 已知 $\Omega: (x-1)^2 + (y-2)^2 + (z+3)^2 \leqslant 9$，则 $\iiint_\Omega \mathrm{d}v =$ _____；

(5) 已知 $\Omega: |x| \leqslant 1, |y| \leqslant 2, |z| \leqslant 3$，则 $\iiint_\Omega \mathrm{d}v =$ _____.

2014 级

1. $z = y^2 \cos x$，求 $\dfrac{\partial z}{\partial x}, \dfrac{\partial z}{\partial y}$.

2. $z = f(xy^2, x^2+y)$，求 $\dfrac{\partial z}{\partial x}, \dfrac{\partial z}{\partial y}$.

3. $z = \mathrm{e}^{\frac{x}{y}}$，求 $\mathrm{d}z$.

4. $\sin(x+y-z) = y + z$，求 $\dfrac{\partial z}{\partial x}, \dfrac{\partial z}{\partial y}$.

5. 求曲线 $\Gamma: x = t^3, y = t^2, z = 2t$ 在对应于 $t = 1$ 处的切线方程及法平面方程.

6. 求曲面 $3x^2 + 2y^2 + z^2 = 6$ 在点 $M(0,1,2)$ 处的切平面方程及法线方程.

7. 求函数 $z = x^3 + y^3 - 3xy$ 的极值.

8. $I = \int_{-1}^1 \mathrm{d}x \int_0^{\sqrt{1-x^2}} f(x,y)\mathrm{d}y$，画出积分区域 D 的图形，并交换积分次序.

9. 设 D 是由曲线 $x^2+y^2=1, x^2+y^2=4$ 围成的环形域的第一象限部分，试画出积分区域 D 的图形，并将 $I = \iint_D f(x,y)\mathrm{d}\sigma$ 表示成极坐标系下的二次积分.

10. 计算 $\iint\limits_{D} \cos x^2 \,d\sigma$，其中 D 是由 $y=x, x=0, y=1$ 围成的闭区域.

11. 计算以 xOy 面上的闭区域 $D: x^2+y^2 \leqslant 1$ 为底，以曲面 $z=\sqrt{x^2+y^2}$ 为顶的曲顶柱体的体积.

12. 设 Ω 是由曲面 $z=0, z=1, x=1, x=y^2$ 所围成的闭区域：
   (1) 画出 Ω 在 xOy 面上的投影区域 D 的图形.
   (2) 按要求填写下列三次积分的积分限：
   $$I=\iiint\limits_{\Omega} f(x,y,z)\,dv = \int dx \int dy \int f(x,y,z)\,dz = \int dy \int dx \int f(x,y,z)\,dz$$

13. 计算 $\iiint\limits_{\Omega} x\,dv$，其中 $\Omega: 0 \leqslant x \leqslant 1, 0 \leqslant y \leqslant 2, 0 \leqslant z \leqslant 1-x$.

14. 计算 $\iiint\limits_{\Omega} \sqrt{x^2+y^2}\,dv$，其中 Ω 是由曲面 $z=x^2+y^2$ 与平面 $z=1$ 所围成的闭区域.

15. 设平面曲线 $L: |x|+|y|=2$，计算 $\oint_L (|x|+|y|)\,ds$.

16. 计算 $I=\int_L x\,ds$，其中 L 是曲线 $y=x^2$ 从点 $(0,0)$ 到 $(1,1)$ 的一段弧.

17. 计算 $\oint_L (x+y)\,dx + 2x\,dy$，其中 L 是平面曲线 $x^2+y^2=1$ 的顺时针方向.

18. 计算 $\oint_L (x^2+xy)\,dx + (x^2-y^2)\,dy$，其中 L 是由曲线 $y=x^2$ 与直线 $y=x$ 围成的平面区域的边界，且取逆时针方向.

19. 计算 $\iint\limits_{\Sigma} (x+y+z)\,ds$，其中 Σ 为平面 $x+y+z=1$ 位于第一卦限的部分.

20. 计算 $\oiint\limits_{\Sigma} x\,dydz + (1-x^2 y)\,dzdx + (1-y^2 z)\,dxdy$，其中 Σ 为曲面 $z=1-x^2-y^2$ 与平面 $z=0$ 所围闭区域的表面外侧.

2015 级

1. $z=xy+3^x+y^3$，求 $\dfrac{\partial z}{\partial x}, \dfrac{\partial z}{\partial y}$.

2. $z=\arctan \dfrac{x}{y}$，求 dz.

3. $z=f\left(\dfrac{y}{x}, e^x y\right)$，求 $\dfrac{\partial z}{\partial x}, \dfrac{\partial z}{\partial y}$.

4. $z^3+3xyz=10$，求 $\dfrac{\partial z}{\partial x}, \dfrac{\partial z}{\partial y}$.

5. 求曲线 $\Gamma: x=t^2, y=\dfrac{1}{t}, z=3t$ 在对应于 $t=1$ 点处的切线方程与法平面方程.

6. 从斜边之长为 4 的所有直角三角形中，求有最大周长的直角三角形.

7. 已知 $I=\int_0^2 dx \int_{-\sqrt{4-x^2}}^{\sqrt{4-x^2}} f(x,y)\,dy$，画出积分区域 D 的图形，并交换积分次序.

8. 已知 $D: x^2+y^2 \leqslant 2y$，计算 $\iint\limits_{D} (x^9+9)\,d\sigma$.

9. 计算 $\iint\limits_{D} \dfrac{\mathrm{d}x\mathrm{d}y}{1+x^2+y^2}$,其中 $D: x^2+y^2 \leqslant 4, y \geqslant 0$.

10. 计算 $\int_0^1 \mathrm{d}x \int_{x^2}^1 x\mathrm{e}^{y^2} \mathrm{d}y$.

11. 已知 Ω 是由曲面 $z=x^2+y^2, y=2x^2$ 及平面 $y=2, z=0$ 所围成的闭区域:
    (1) 画出 Ω 在 xOy 面上的投影区域 D 的图形.
    (2) 按要求填写下列三次积分的上下限:
    $$\iiint\limits_{\Omega} f(x,y,z) \mathrm{d}v = \int \mathrm{d}x \int \mathrm{d}y \int f(x,y,z) \mathrm{d}z = \int \mathrm{d}y \int \mathrm{d}x \int f(x,y,z) \mathrm{d}z$$

12. 已知 D 是由曲线 $xy=1$ 与直线 $y=x, x=3$ 所围成的平面区域,计算 $\iint\limits_{D} y \mathrm{d}\sigma$.

13. 已知 $D: \pi^2 \leqslant x^2+y^2 \leqslant 9\pi^2$,计算 $\iint\limits_{D} \sin\sqrt{x^2+y^2} \mathrm{d}\sigma$.

14. 计算 $\int_L (x+y) \mathrm{d}s$,其中 L 为连接 $(6,0)$ 与 $(0,6)$ 两点的直线段.

15. 求由曲面 $z=6-x^2-y^2$ 与 $z=\sqrt{x^2+y^2}$ 所围成的立体的体积.

16. 计算 $\iiint\limits_{\Omega}(y^2+z^2)\mathrm{d}v$,其中 $\Omega: |x| \leqslant 1, |y| \leqslant 1, |z| \leqslant 1$.

17. 计算 $\oint_L xy^2 \mathrm{d}y - x^2 y \mathrm{d}x$,其中 L 为圆周 $x^2+y^2=16$ 的正向.

18. 已知曲面 $\Sigma: x^2+y^2+z^2=9$,计算 $\oiint\limits_{\Sigma} \sqrt{x^2+y^2+z^2} \mathrm{d}s$.

19. 计算 $\oiint\limits_{\Sigma} 7x\mathrm{d}y\mathrm{d}z + 2y\mathrm{d}z\mathrm{d}x + x\mathrm{e}^y \mathrm{d}x\mathrm{d}y$,其中 Σ 是椭球体 $\Omega: \dfrac{x^2}{a^2}+\dfrac{y^2}{b^2}+\dfrac{z^2}{c^2} \leqslant 1$ 的表面外侧 (a,b,c 均大于 0).

20. 证明曲面 $x^{\frac{2}{3}} + y^{\frac{2}{3}} + z^{\frac{2}{3}} = 5$ 上任一点处的切平面在各坐标轴上的截距的二次方和为一常数.

2016 级

1. $z = \arctan\dfrac{x}{2+y}$,求 $\dfrac{\partial z}{\partial x}, \dfrac{\partial z}{\partial y}$.

2. $z = \ln(x+\sqrt{1+y^2})$,求 $\mathrm{d}z$.

3. $z = f(y^x, xy)$,求 $\dfrac{\partial z}{\partial x}, \dfrac{\partial z}{\partial y}$.

4. $x\mathrm{e}^z + \ln\dfrac{z}{y} = 4$,求 $\dfrac{\partial z}{\partial x}, \dfrac{\partial z}{\partial y}$.

5. 求曲线 $\Gamma: x=\mathrm{e}^t, y=t^2, z=\dfrac{1}{t}$ 在对应于 $t=1$ 处的切线方程与法平面方程.

6. 已知 $x>0, y>0, z>0$,求函数 $u=xyz$ 在条件 $x+2y+3z=9$ 下的极大值.

7. 已知 $I = \int_0^1 \mathrm{d}x \int_{x^2}^x f(x,y) \mathrm{d}y$,画出积分区域 D 的图形,并交换积分次序.

8. 计算 $\iint\limits_{D}(2+y) \mathrm{d}\sigma$,其中 $D: x^2+y^2 \leqslant 1$.

9. 计算 $\iint\limits_{D} e^{2x^2+2y^2} d\sigma$，其中 $D: x^2+y^2 \leqslant 4$.

10. 计算 $\iint\limits_{D} (x+y^2) d\sigma$，其中 D 是由 $y=x^2, x=1, y=0$ 所围成的闭区域.

11. 计算 $\iint\limits_{D} \sin y^2 d\sigma$，其中 D 是由 $y=x, x=0, y=1$ 所围成的闭区域.

12. 已知 Ω 是由曲面 $y=\sqrt{x}$，平面 $z=x+y, x=1, y=0$ 及 $z=0$ 围成：
    (1) 画出 Ω 在 xOy 面上的投影区域 D 的图形.
    (2) 按要求填写下列三次积分的上下限：
    $$\iiint\limits_{\Omega} f(x,y,z) dv = \int dx \int dy \int f(x,y,z) dz = \int dy \int dx \int f(x,y,z) dz$$

13. 求由曲面 $z=8-x^2-y^2$ 与 $z=2\sqrt{x^2+y^2}$ 所围成的立体的体积.

14. 计算 $\iiint\limits_{\Omega} xyz \, dv$，其中 $\Omega: 0 \leqslant x \leqslant 1, 0 \leqslant y \leqslant x, 0 \leqslant z \leqslant xy$.

15. 计算 $\int_L y \, ds$，其中 L 是 $y=x$ 上点 $(0,0)$ 与 $(1,1)$ 之间的一段直线.

16. 计算 $\int_L y \, dx + x \, dy$，其中 L 是 $y=x^2$ 上从点 $(0,0)$ 到 $(1,1)$ 的一段弧.

17. 计算 $\oint_L (x^2 y \cos x + 2xy \sin x - y^2 e^x) dx + (x^2 \sin x - 2y e^x + \frac{x^2}{2}) dy$，其中 L 是 $y=x, y=0, x=1$ 所围成的闭曲线，取正向.

18. 计算 $\oiint\limits_{\Sigma} (x^2+y^2+z^2)^2 \, ds$，其中 $\Sigma: x^2+y^2+z^2=3$.

19. 计算 $\oiint\limits_{\Sigma} 2x \, dydz - y \, dzdx - e^x \, dxdy$，其中 Σ 是由曲面 $z=x^2+y^2$ 和平面 $z=1$ 所围成的闭曲面的外侧.

20. 证明曲面 $x^{\frac{3}{4}} + y^{\frac{3}{4}} + z^{\frac{3}{4}} = 2$ 上任一点处的切平面在各坐标轴上的截距的三次方和为一常数.

2017 级

1. $z = \sin(x^2 y) + y^2$，求 dz.

2. $z = y^x$，求 $\dfrac{\partial z}{\partial x}, \dfrac{\partial z}{\partial y}$.

3. $z = f(x \ln y, x^2 - y^2)$，求 $\dfrac{\partial z}{\partial x}, \dfrac{\partial z}{\partial y}$.

4. $\dfrac{x}{z} = \ln(xyz)$，求 $\dfrac{\partial z}{\partial x}, \dfrac{\partial z}{\partial y}$.

5. 求曲线 $\Gamma: x=2t, y=\ln t, z=t^2$ 在对应于 $t=1$ 处的切线方程与法平面方程.

6. 求圆锥面 $z=\sqrt{x^2+y^2}$ 在点 $M(1,0,1)$ 处的切平面方程与法线方程.

7. 求 $f(x,y) = e^x(x+y^2+2y)$ 的极值.

8. 求 $u = x^2+y^2+z^2$ 在条件 $\dfrac{1}{x}+\dfrac{1}{y}+\dfrac{1}{z}=1$ 下的极小值 (x, y, z 均大于 0).

9. $I = \int_{-1}^{1} dx \int_{x^2}^{1} f(x,y) dy$,画出积分区域 D 的图形,并交换积分次序.

10. 计算 $\iint_D xy d\sigma$,其中 D 是由 $y = x^2, y = x + 2$ 所围成的闭区域.

11. 计算 $\iint_D \dfrac{dxdy}{\sqrt{4 - x^2 - y^2}}$,其中 $D: x^2 + y^2 \leqslant 1$.

12. 计算 $\iint_D (1 + \sin^3 x) d\sigma$,其中 $D: \dfrac{x^2}{4} + \dfrac{y^2}{9} \leqslant 1$.

13. 计算 $\iint_D e^{y^3} d\sigma$,其中 D 是由 $y = \sqrt{x}, x = 0, y = 1$ 所围成的闭区域.

14. 计算 $\iiint_\Omega x dv$,其中 Ω 由 $x = 0, y = 0, z = 0$ 及 $x + y + z = 1$ 所围成.

15. 求由曲面 $z = 2(x^2 + y^2)$ 与 $z = 3 - x^2 - y^2$ 所围成的立体的体积.

16. 计算 $\iiint_\Omega z dv$,其中 Ω 是由球面 $z = \sqrt{8 - x^2 - y^2}$ 及旋转抛物面 $x^2 + y^2 = 2z$ 所围成的闭区域.

17. 已知 $\int_L (ax\cos y - y^2 \sin x) dx + (by\cos x - x^2 \sin y) dy$ 与路径无关,求常数 a, b.

18. 证明半径为 a 的球的表面积为 $4\pi a^2$.

19. 计算 $\oint_L (x^2 y\cos x + 2xy\sin x - y^2 e^x) dx + (x^2 \sin x - 2ye^x) dy$,其中 L 为正向星形线 $x^{\frac{2}{3}} + y^{\frac{2}{3}} = a^{\frac{2}{3}}$.

20. 计算 $\oiint_\Sigma xz dydz + x^2 y dzdx + y^2 z dxdy$,其中 Σ 是由曲面 $z = x^2 + y^2$,柱面 $x^2 + y^2 = 1$ 及三坐标面围成的在第一卦限中立体表面外侧.

四、高等数学下册期末试题

2005 级

1. $z = x^3 \arctan e^{2y} + \ln 2$,求 $\dfrac{\partial z}{\partial x}, \dfrac{\partial z}{\partial y}$.

2. $z = \sin(xy) + f\left(x, \dfrac{x}{y}\right)$,其中 f 具有二阶连续偏导数,求 $\dfrac{\partial z}{\partial x}, \dfrac{\partial^2 z}{\partial x \partial y}$.

3. 在椭球面 $x^2 + y^2 + \dfrac{z^2}{4} = 1$ 上的第一卦限上求一点,使该点的切平面在三坐标轴上的截距的二次方和为最小.

4. 求微分方程 $(xy^2 + x) dx + (y - x^2 y) dy = 0$ 的通解.

5. 计算 $\iint_D \dfrac{d\sigma}{\sqrt{1 + x^2 + y^2}}$,其中 $D: x^2 + y^2 \leqslant 1, y \geqslant 0$.

6. 计算三次积分 $\int_0^1 dx \int_{-\sqrt{1-x^2}}^{\sqrt{1-x^2}} dy \int_0^a z\sqrt{x^2 + y^2} dz$.

7. 设有向曲面 Σ 为球面 $x^2+y^2+z^2=4$ 的外侧,计算 $\oiint_{\Sigma} x\mathrm{d}y\mathrm{d}z+y\mathrm{d}z\mathrm{d}x+z\mathrm{d}x\mathrm{d}y$.

8. 计算 $\int_L (\mathrm{e}^x\sin y-my)\mathrm{d}x+(\mathrm{e}^x\cos y-m)\mathrm{d}y$,其中 L 为逆时针方向的上半椭圆 $\dfrac{x^2}{a^2}+\dfrac{y^2}{b^2}=1$.

9. 求微分方程 $y''-2y'+2y=5x\mathrm{e}^{-x}$ 满足初始条件 $y(0)=1,y'(0)=0$ 的特解.

10. 设幂级数 $\sum\limits_{n=1}^{\infty}a_n(x-1)^n$ 在 $x=-1$ 处收敛,则该级数在 $x=2$ 处收敛,还是发散?并说明理由.

11. 求幂级数 $\sum\limits_{n=1}^{\infty}\dfrac{2^n x^{2n}}{n^2+1}$ 的收敛半径及收敛区间.

12. 求微分方程 $(x+1)y'-3y=(x+1)^4\mathrm{e}^x$ 的通解.

13. 计算 $\iint\limits_{D}\dfrac{xy}{1+\sqrt{x^2+y^2}}\mathrm{d}x\mathrm{d}y$,其中 D 由 $y=x^3,y=1$ 和 $x=-1$ 围成.

2006 级

1. $z=\ln(x+y^2)$,求 $\mathrm{d}y$.

2. $\mathrm{e}^z-xy+xz=0$,求 $\dfrac{\partial z}{\partial x},\dfrac{\partial z}{\partial y}$.

3. 已知 $f(x,y)=ax^2-5x+xy^2+2y$ 在点 $(1,-1)$ 处取得极值,求常数 a.

4. $I=\int_0^1\mathrm{d}y\int_y^{\sqrt{y}}f(x,y)\mathrm{d}x$,画出积分区域 D,并交换积分次序.

5. 计算 $\iint\limits_{D}(x+|y|)\mathrm{d}\sigma$,其中 $D:x^2+y^2\leqslant 1$.

6. 求由曲面 $z=4-\sqrt{x^2+y^2}$ 及平面 $z=1$ 所围成的立体体积.

7. Ω 是以点 $M(1,-2,-3)$ 为球心,以 4 为半径的球体,计算 $\iiint\limits_{\Omega}\mathrm{d}v$.

8. L 为椭圆 $\dfrac{x^2}{3}+\dfrac{y^2}{5}=1$,其周长为 a,计算 $\oint_L(5x^2+3y^2)\mathrm{d}s$.

9. 计算 $\oint_L\dfrac{xy^2\mathrm{d}y-x^2y\mathrm{d}x}{x^2+y^2}$,其中 L 为圆周 $x^2+y^2=9$ 的正向.

10. 设有向曲面 Σ 为球面 $x^2+y^2+z^2=R^2$ 的外侧,计算 $\oiint_{\Sigma}x\mathrm{d}x\mathrm{d}z$.

11. 判断级数 $\sum\limits_{n=1}^{\infty}(-1)^n\dfrac{n^3}{2^n}$ 的敛散性,若收敛,是条件收敛,还是绝对收敛?

12. 求级数 $\sum\limits_{n=1}^{\infty}\dfrac{2^n+3}{8^n}$ 的和.

13. 求幂级数 $\sum\limits_{n=1}^{\infty}\dfrac{x^n}{n}$ 的收敛半径、收敛区间及和函数.

14. 将 $f(x)=\dfrac{1}{x^2+3x+2}$ 展开成 $(x+8)$ 的幂级数,并写出收敛区间.

15. 将 $f(x)=\dfrac{1}{(2-x)^2}$ 展开成 x 的幂级数,并写出收敛区间.

16. 求 $y' = e^{2x-y}$ 满足 $y\big|_{x=0} = 0$ 的特解.

17. 求 $y'' - 6y' + 13y = 0$ 的通解.

18. 求 $y' - \dfrac{1}{x}y = xe^x$ 的通解.

19. 求 $y'' - 3y' + 2y = 2e^x$ 的通解.

20. 证明球面 $z = \sqrt{a^2 - x^2 - y^2}$ 上点 $M(x_0, y_0, z_0)$ 处的切平面方程为
$$x_0 x + y_0 y + z_0 z = a^2$$

2007 级

1. $z = e^{xy}$,求 dy.

2. $yz + x^2 + z = 0$,求 $\dfrac{\partial z}{\partial x}, \dfrac{\partial z}{\partial y}$.

3. $z = f(x-y, y^2 - x)$,f 具有二阶连续偏导数,求 $\dfrac{\partial z}{\partial x}, \dfrac{\partial^2 z}{\partial x \partial y}$.

4. 已知 $D: \pi^2 \leqslant x^2 + y^2 \leqslant 4\pi^2$,计算 $\iint\limits_{D} \sin\sqrt{x^2 + y^2}\, dxdy$.

5. 计算由曲面 $z = 4 - \sqrt{x^2 + y^2}$ 及平面 $z = 1$ 所围立体的体积.

6. 计算三次积分 $\displaystyle\int_0^1 dx \int_{-\sqrt{1-x^2}}^{\sqrt{1-x^2}} dy \int_0^a z\sqrt{x^2+y^2}\, dz$.

7. 设 L 为圆周 $x^2 + y^2 = 9$,计算 $\displaystyle\oint_L (x^2 + y^2)\, ds$.

8. L 是圆域 $D: x^2 + y^2 \leqslant 2x$ 的正向边界,计算 $\displaystyle\oint_L (x^3 - y)\, dx + (x - y^3)\, dy$.

9. Σ 是长方体 $\Omega: 0 \leqslant x \leqslant a, 0 \leqslant y \leqslant b, 0 \leqslant z \leqslant c$ 的整个表面的外侧,计算 $\displaystyle\oiint_{\Sigma} x\, dydz + y\, dzdx + x^2 y\, dxdy$.

10. 求级数 $\displaystyle\sum_{n=1}^{\infty} \dfrac{3^n + 8}{6^n}$ 的和.

11. 将 $f(x) = x^3 e^{\frac{x}{2}}$ 展开成 x 的幂级数,并写出收敛区间.

12. 判断级数 $\displaystyle\sum_{n=1}^{\infty} (-1)^n \dfrac{\sin\sqrt{n}}{n^{\frac{3}{2}}}$ 的敛散性,若收敛,是条件收敛还是绝对收敛?

13. 求幂级数 $\displaystyle\sum_{n=1}^{\infty} \dfrac{x^n}{n 6^n}$ 的收敛半径与收敛区间.

14. 设闭曲线 $L: |x| + |y| = 1$,取逆时针方向,计算 $\displaystyle\oint_L \dfrac{-y\, dx + x\, dy}{|x| + |y|}$.

15. 将 $f(x) = \dfrac{1}{(1-x)^2}$ 展开成 x 的幂级数,并写出收敛区间.

16. 求 $y'' + 2y' + 5y = 0$ 的通解.

17. 求 $y'' - 2y' - 3y = e^x$ 的通解.

18. 求 $\sqrt{1-x^2}\, y' = \sqrt{1-y^2}$ 的通解.

19. 已知一曲线过原点,且它在点(x,y)处的切线斜率等于$2x+y$,求此曲线方程.

20. 证明曲面$x^{\frac{2}{3}}+y^{\frac{2}{3}}+z^{\frac{2}{3}}=4$上任一点处的切平面在各坐标轴上的截距的二次方和为一常数.

2008 级

1. 已知$x>0,y>0,z>0$,且$u=\ln(x^x y^y z^z)$,求du.

2. $z=f(\frac{y}{x},x^y)$,求$\frac{\partial z}{\partial x},\frac{\partial z}{\partial y}$.

3. $e^z-xyz=0$,求$\frac{\partial z}{\partial x},\frac{\partial z}{\partial y}$.

4. 计算$\iint\limits_{D}xy\,d\sigma$,其中$D$是由直线$y=2x,y=x,x=1,x=3$所围成的闭区域.

5. 计算$\iint\limits_{D}x\sin\frac{y}{x}d\sigma$,其中$D$是由直线$y=x,y=0,x=1$所围成的闭区域.

6. 求级数$\sum\limits_{n=1}^{\infty}\frac{3^n+6}{9^n}$的和.

7. 计算$\iint\limits_{D}\frac{6+x^2y}{1+x^2+y^2}dxdy$,其中$D:x^2+y^2\leqslant 9$.

8. 计算由曲面$z=\sqrt{x^2+y^2}$及$z=x^2+y^2$所围成的立体体积.

9. 计算$\oiint\limits_{\Sigma}x\,dydz+y\,dzdx+z\,dxdy$,其中$\Sigma$是介于平面$z=0$和$z=4$之间的圆柱体$x^2+y^2\leqslant 4$的整个表面的外侧.

10. 求幂级数$\sum\limits_{n=0}^{\infty}\frac{(-1)^n x^n}{3^n}$的收敛半径和收敛区间.

11. 将$f(x)=\frac{1}{(1+x)^2}$展开成x的幂级数,并写出收敛区间.

12. 将$f(x)=\frac{1}{1+x}$展开成$(x-7)$的幂级数,并写出收敛区间.

13. 判断级数$\sum\limits_{n=1}^{\infty}\frac{\cos\sqrt{n}}{n^2}$的剑散性,若收敛,请说明是条件收敛还是绝对收敛.

14. 求微分方程$\sqrt{1-x^2}\,y'=1+y^2$的通解.

15. $y'+y\cos x=e^{-\sin x}$的通解.

16. 计算$I=\int_{L}(x^2-y)dx+x\,dy$,其中$L$是圆周$y=\sqrt{2x-x^2}$上由点$(1,1)$到原点$(0,0)$的一段弧.

17. 求$y''=x$的经过点$M(0,1)$且在此点与直线$y=\frac{x}{2}+1$相切的积分曲线.

18. 求$y''-4y'+5y=0$的通解.

19. 求$y''-5y'+6y=e^x$的通解.

20. 证明曲面$x^{\frac{3}{4}}+y^{\frac{3}{4}}+z^{\frac{3}{4}}=3$上任意点处的切平面在各坐标轴上的截距的三次方和为一常数.

2009 级

1. $z = \ln\sqrt{x^2+y^2}$,求 $\mathrm{d}z$.

2. $z = f\left(\dfrac{y}{x}, \dfrac{x}{y}\right)$,求 $\dfrac{\partial z}{\partial x}, \dfrac{\partial z}{\partial y}$.

3. $\mathrm{e}^z - x^2 y + z^2 = 0$,求 $\dfrac{\partial z}{\partial x}, \dfrac{\partial z}{\partial y}$.

4. 求旋转抛物面 $z = x^2 + y^2 + 1$ 在点 $(1,2,6)$ 处的切平面方程.

5. 计算 $\iint\limits_{D} xy\,\mathrm{d}\sigma$,其中 D 是由直线 $y = 2x, y = x, x = 1, x = 2$ 所围成的闭区域.

6. 已知 $D: \pi \leqslant x^2 + y^2 \leqslant 4\pi^2$,计算 $\iint\limits_{D} \sin\sqrt{x^2+y^2}\,\mathrm{d}x\mathrm{d}y$.

7. 计算 $\iiint\limits_{\Omega}(x^2+y^2)\,\mathrm{d}v$,其中 Ω 是由曲面 $x^2+y^2 = 3z$ 及平面 $z = 3$ 所围成的闭区域.

8. 计算三次积分 $\int_0^1 \mathrm{d}x \int_{-\sqrt{1-x^2}}^{\sqrt{1-x^2}} \sqrt{x^2+y^2}\,\mathrm{d}y \int_0^a z^2\,\mathrm{d}y$.

9. 已知曲线 $L: y = x^2 (0 \leqslant x \leqslant \sqrt{2})$,计算 $\int_L x\,\mathrm{d}s$.

10. 计算 $\oint_L x\,\mathrm{d}y$,其中 L 是由 x 轴、y 轴和直线 $3x+2y = 6$ 所围成的三角形的正向边界.

11. 计算 $\oiint\limits_{\Sigma} x^2\,\mathrm{d}y\mathrm{d}z + y^2\,\mathrm{d}z\mathrm{d}x + z^2\,\mathrm{d}x\mathrm{d}y$,其中 Σ 为平面 $x = 0, y = 0, z = 0, x = 1, y = 1, z = 1$ 所围的立体的表面外侧.

12. 判断级数 $\sum\limits_{n=1}^{\infty} \dfrac{2^n n!}{n^n}$ 的敛散性.

13. 求幂级数 $\sum\limits_{n=1}^{\infty} \dfrac{x^n}{n 8^n}$ 的收敛半径和收敛区间.

14. 求幂级数 $\sum\limits_{n=1}^{\infty} \dfrac{x^n}{n}$ 在收敛区间 $(-1,1)$ 内的和函数.

15. 将 $f(x) = \dfrac{1}{(2-x)^2}$ 展开成 x 的幂级数,并写出收敛区间.

16. $f(x)$ 的周期为 2π,它在 $[-\pi,\pi]$ 上的表达式为 $f(x) = x$,写出 $f(x)$ 的傅里叶系数 a_6, b_6 的表达式,并求出其值.

17. 求 $y' = \mathrm{e}^{x-y}$ 的通解.

18. 已知一曲线过原点,且它在点 (x,y) 处的切线斜率为 $2x + y$,求该曲线方程.

19. 求 $y'' - 5y' + 6y = \mathrm{e}^x$ 的通解.

20. 证明曲面 $x^{\frac{1}{2}} + y^{\frac{1}{2}} + z^{\frac{1}{2}} = 9$ 上任一点处的切平面在各坐标轴上的截距之和为常数.

2010 级

1. $z = \ln(x^2+y^2)$,求 $\mathrm{d}z$.

2. $z = f(x+y, x^2-y)$,求 $\dfrac{\partial z}{\partial x}, \dfrac{\partial z}{\partial y}$.

3. $z^3 - 3xyz = 9$,求 $\dfrac{\partial z}{\partial x}, \dfrac{\partial z}{\partial y}$.

4. 求球面 $x^2 + y^2 + z^2 = 14$ 在点 $M(1,2,3)$ 处的切平面方程和法线方程.

5. 已知 $I = \int_0^1 dx \int_{x^2}^{x} f(x,y) dy$,画出积分区域 D 的图形,并交换积分次序.

6. 计算以 xOy 面上的圆周 $x^2 + y^2 = 4$ 围成的闭区域为底,而以曲面 $z = x^2 + y^2$ 为顶的曲顶柱体的体积.

7. 计算 $\iint\limits_{D} \dfrac{dxdy}{\sqrt{1+x^2+y^2}}$,其中 $D: x^2+y^2 \leqslant 1, y \geqslant 0$.

8. 计算 $\iint\limits_{D} (x^2+y^2) d\sigma$,其中 D 是由曲线 $y = x^2$ 与直线 $x = 1, y = 0$ 所围成的闭区域.

9. 已知 L 为圆周 $x^2+y^2 = 16$ 的正向,计算 $\oint_L \dfrac{xy^2 dy - x^2 y dx}{x^2+y^2}$.

10. 设 Σ 为球面 $x^2+y^2+z^2 = 4$ 的外侧,计算 $\oiint\limits_{\Sigma} 2x dydz + y dzdx + xy dxdy$.

11. 将 $f(x) = \dfrac{1}{x}$ 展开成 $(x-6)$ 的幂级数,并写出收敛区间.

12. 求级数 $\sum\limits_{n=1}^{\infty} \dfrac{3^n + 6^n}{9^n}$ 的和.

13. 判断 $\sum\limits_{n=1}^{\infty} \dfrac{3^n n!}{n^n}$ 的敛散性.

14. 求 $\sum\limits_{n=0}^{\infty} (-1)^n \dfrac{x^n}{4^n}$ 的收敛半径与收敛区间.

15. 设 $f(x)$ 的周期为 2π,它在 $[-\pi, \pi]$ 上的表达式为 $f(x) = x$,写出 $f(x)$ 的傅里叶系数 a_{10}, b_{10} 的表达式,并求出其值.

16. 一曲线通过点 $(1,2)$,且在该曲线上任一点 $M(x,y)$ 处的切线斜率为 $2x$,求该曲线方程.

17. 求 $y'' = x$ 的通解.

18. 求 $(1+x^2)dy = (1+y^2)dx$ 的通解.

19. 求 $y' + 2xy = 4x$ 的通解.

20. 求 $y'' - 3y' + 2y = 6e^{-x}$ 的通解.

2011 级

1. $z = e^{x^2 y}$,求 dy.

2. $z = f(x^y, \dfrac{x}{y})$,求 $\dfrac{\partial z}{\partial x}, \dfrac{\partial z}{\partial y}$.

3. $x^2 + y^2 + z^2 + 3z = 0$,求 $\dfrac{\partial z}{\partial x}, \dfrac{\partial z}{\partial y}$.

4. 求曲面 $x^2 + 2y^2 + 3z^2 = 6$ 在点 $M(1,1,1)$ 处的切平面方程和法线方程.

5. 已知 $I = \int_0^1 dy \int_{-\sqrt{1-y^2}}^{\sqrt{1-y^2}} f(x,y) dx$,画出积分区域 D 的图形,并交换积分次序.

6. 计算 $\iint_D (x+y)\mathrm{d}x\mathrm{d}y$,其中 D 是由曲线 $y=x^2$ 与直线 $x=1,y=0$ 所围成的闭区域.

7. 计算由曲面 $z=4-\sqrt{x^2+y^2}$ 及平面 $z=1$ 所围成的立体体积.

8. 计算 $\iint_D \dfrac{\mathrm{d}x\mathrm{d}y}{\sqrt{1+x^2+y^2}}$,其中 $D: x^2+y^2 \leqslant 1$.

9. 计算 $\oint_L \dfrac{3x\mathrm{d}y - y\mathrm{d}x}{|x|+|y|}$,其中 $L: |x|+|y|=2$,且取逆时针方向.

10. 设 Σ 是立体 $\Omega: \dfrac{x^2}{4}+\dfrac{y^2}{9}+\dfrac{z^2}{16} \leqslant 1$ 的表面外侧,计算 $\oiint_\Sigma 2x\mathrm{d}y\mathrm{d}z + 2y\mathrm{d}z\mathrm{d}x + x^2 y\mathrm{d}x\mathrm{d}y$.

11. 判断 $\sum\limits_{n=1}^\infty \dfrac{n^n}{6^n n!}$ 的敛散性.

12. 判断 $\sum\limits_{n=1}^\infty (-1)^n \dfrac{n^3}{3^n}$ 的敛散性,若收敛,是条件收敛还是绝对收敛?

13. 求 $\sum\limits_{n=1}^\infty \dfrac{x^n}{n 8^n}$ 的收敛半径与收敛区间.

14. 求 $\sum\limits_{n=1}^\infty \dfrac{2^n + 5^n}{9^n}$ 的和.

15. 将 $f(x) = x^8 \mathrm{e}^{\frac{x}{3}}$ 展开成 x 的幂级数,并写出收敛区间.

16. 设 $f(x)$ 的周期为 2π,它在 $[-\pi,\pi)$ 上的表达式为 $f(x) = x$,写出 $f(x)$ 的傅里叶系数 b_{100} 的表达式,并求出其值.

17. 求 $y'' = \mathrm{e}^x$ 的通解.

18. 一曲线过点 $(0,1)$,且在该曲线任一点 $M(x,y)$ 处的切线斜率为 $6x$,求该曲线方程.

19. 求 $y' + 2xy = 2x$ 的通解.

20. 求 $y'' - 6y' + 8y = 18\mathrm{e}^x$ 的通解.

2012 级

1. 已知 $x>0, y>0, z>0$,且 $u = \ln(x^x y^y z^z)$,求 $\mathrm{d}u$.

2. $f\left(x\mathrm{e}^y, \dfrac{x}{y}\right)$,求 $\dfrac{\partial z}{\partial x}, \dfrac{\partial z}{\partial y}$.

3. 求旋转椭球面 $3x^2 + y^2 + z^2 = 5$ 在点 $M(1,1,1)$ 处的切平面方程及法线方程.

4. 已知 $I = \int_{-1}^1 \mathrm{d}x \int_0^{\sqrt{1-x^2}} f(x,y)\mathrm{d}y$,画出积分区域 D 的图形,并交换积分次序.

5. 已知 $D: 1 \leqslant x^2 + y^2 \leqslant 9$,计算 $\iint_D \dfrac{1}{1+x^2+y^2}\mathrm{d}\sigma$.

6. 计算 $\iint_D \mathrm{e}^{-y^2}\mathrm{d}\sigma$,其中 D 是以 $(0,0),(2,2),(0,2)$ 为顶点的三角形区域.

7. 计算由曲面 $z = 18 - x^2 - y^2$ 及 $z = x^2 + y^2$ 所围成的立体体积.

8. 已知曲面 $\Sigma: x^2 + y^2 + z^2 = 4$,计算 $\oiint_\Sigma (x^2 + y^2 + z^2)^2 \mathrm{d}s$.

9. 计算 $\oint_L \dfrac{(x-y)\mathrm{d}x + (x+y)\mathrm{d}y}{x^2 + y^2}$,其中 L 为圆周 $x^2 + y^2 = 9$(按逆时针方向绕行).

10. 计算 $I = \oiint_{\Sigma}(x^2-2xy)\mathrm{d}y\mathrm{d}z+(y^2-2yz)\mathrm{d}z\mathrm{d}x+(z^2+3z-2xz)\mathrm{d}x\mathrm{d}y$,其中 Σ 为球心在原点,半径为 a 的球面外侧.

11. 判断级数 $\sum_{n=1}^{\infty}\sin\dfrac{1}{n}$ 的敛散性.

12. 判断级数 $\sum_{n=1}^{\infty}(-1)^n\dfrac{(n+1)!}{n^{n+1}}$ 的敛散性,若收敛,是条件收敛还是绝对收敛?并说明理由.

13. 将 $f(x)=\dfrac{1}{x^2+3x+2}$ 展开成 x 的幂级数,并写出收敛区间.

14. 求级数 $\sum_{n=1}^{\infty}\dfrac{2^n+1}{3^n}$ 的和.

15. 求幂级数 $\sum_{n=1}^{\infty}\dfrac{x^n}{n7^n}$ 的收敛半径与收敛区间.

16. 求 $y'=\dfrac{\sqrt{1-y^2}}{1+x^2}$ 的通解.

17. 求 $y'+y=8$ 满足 $y\big|_{x=0}=2$ 的特解.

18. 求 $y''=\cos x$ 的通解.

19. 求 $y''+y'-2y=0$ 的通解.

20. 求 $y''+y=2\mathrm{e}^x$ 的通解.

2013 级

1. $z=x^y$,求 $\dfrac{\partial z}{\partial x},\dfrac{\partial z}{\partial y}$.

2. $z=f\left(\dfrac{x}{y},xy\right)$,求 $\dfrac{\partial z}{\partial x},\dfrac{\partial z}{\partial y}$.

3. 求曲面 $\mathrm{e}^z-2z+xy=3$ 在点 $M(2,1,0)$ 处的切平面方程与法线方程.

4. 计算 $\iint_D(x+y)\mathrm{d}\sigma$,其中 D 是由曲线 $y=x^2$ 与直线 $x=1,y=0$ 所围成的闭区域.

5. 计算 $\iint_D x^2\sin\dfrac{y}{x}\mathrm{d}\sigma$,其中 D 是由直线 $y=x,y=0,x=1$ 所围成的闭区域.

6. 计算 $\iint_D(x^2+y^2)\mathrm{d}\sigma$,其中 $D:x^2+y^2\leqslant 2x,y\geqslant 0$.

7. 计算 $\iiint_\Omega\dfrac{1}{1+x^2+y^2}\mathrm{d}v$,其中 Ω 是由曲面 $z=\sqrt{x^2+y^2}$ 及平面 $z=1$ 所围成的闭区域.

8. 计算 $I=\oint_L(1-x^2)y\mathrm{d}x+x(1+y^2)\mathrm{d}y$,其中 L 是沿圆周 $x^2+y^2=9$ 的逆时针方向.

9. 计算 $I=\oiint_\Sigma x\mathrm{d}y\mathrm{d}z+2y\mathrm{d}z\mathrm{d}x+xy^2\mathrm{d}x\mathrm{d}y$,其中 Σ 是立体 $\dfrac{x^2}{4}+\dfrac{y^2}{9}+\dfrac{z^2}{25}\leqslant 1$ 的表面外侧.

10. 判断 $\sum_{n=1}^{\infty}\tan\dfrac{1}{n^2}$ 的敛散性.

11. 将 $f(x)=\dfrac{1}{x+2}$ 展开成 $(x-8)$ 的幂级数,并写出收敛区间.

12. 判断 $\sum_{n=1}^{\infty} \dfrac{\cos\sqrt{n}}{n^3}$ 的敛散性,若收敛,是条件收敛,还是绝对收敛?

13. 将 $f(x) = 1 - x^2 (0 \leqslant x \leqslant \pi)$ 展开成余弦级数.

14. 求 $\sum_{n=0}^{\infty} (-1)^n \dfrac{x^n}{6^n}$ 的收敛半径与收敛区间.

15. 求 $\sum_{n=1}^{\infty} \dfrac{4^n + 3^n}{7^n}$ 的和.

16. 求 $y' + 2xy = 2x e^{-x^2}$ 的通解.

17. 求 $y' = 2xy^2$ 的通解.

18. 求 $y'' = x$ 的通过点 $M(0, 2)$ 且在此点与直线 $y = 3x + 1$ 相切的积分曲线.

19. 求 $y'' - 4y' + 15y = 0$ 的通解.

20. $y'' - 8y' + 15y = 48 e^{-x}$ 的通解.

2014 级

1. $z = \dfrac{y}{x} + y^x$,求 $\dfrac{\partial z}{\partial x}, \dfrac{\partial z}{\partial y}$.

2. $z = f(xy, x^2 - y^2)$,求 dz.

3. 求曲面 $\Sigma : z = 4x^2 + 9y^2$ 上与平面 $\pi : 8x - z = 0$ 平行的切平面方程.

4. $I = \int_{-1}^{1} dx \int_{-\sqrt{1-x^2}}^{1-x^2} f(x, y) dy$,画出积分区域 D 的图形,并交换积分次序.

5. 设 D 是由直线 $y = 0, y = x, x = 1$ 围成的平面区域,计算 $\iint_D x^4 \cos \dfrac{y}{x} d\sigma$.

6. 计算 $\iint_D (x^3 + y^2) d\sigma$,$D : x^2 + y^2 \leqslant 1$.

7. 计算由曲面 $z = 4 - x^2 - y^2$ 及平面 $z = 1$ 所围成的立体的体积.

8. 计算 $\int_L y ds$,其中 $L : x^2 + y^2 = R^2 (y \geqslant 0)$.

9. 计算 $\oint_L \dfrac{x^2 y dx - xy^2 dy}{x^2 + y^2}$,其中 L 是平面曲线 $x^2 + y^2 = R^2$,顺时针方向.

10. 计算 $\iint_\Sigma x dy dz + y dz dx + z dx dy$,其中 Σ 为曲面 $z = \sqrt{R^2 - x^2 - y^2}$ 的上侧.

11. 判断 $\sum_{n=1}^{\infty} n \sin \dfrac{\pi}{2^n}$ 的敛散性.

12. 判断 $\sum_{n=1}^{\infty} (-1)^n \dfrac{1}{\sqrt{n}}$ 的敛散性,若收敛,是条件收敛还是绝对收敛?

13. 设幂级数 $\sum_{n=1}^{\infty} a_n (x - 2)^n$ 在 $x = 0$ 处收敛,在 $x = 4$ 处发散,问该级数在 $x = 3$ 及 $x = -1$ 处是否收敛?

14. 将 $f(x) = \dfrac{1}{(x+1)^2}$ 展开成 x 的幂级数,并写出收敛区间.

15. 已知 $y_1 = x, y_2 = e^x$ 是 $(x - 1) y'' - x y' + y = 0$ 的两个特解,试写出此微分方程的通解.

16. 求 $(y+1)^2 \dfrac{dy}{dx} + x^3 = 0$ 的通解.

17. 求 $y' + y = xe^{-x}$ 的通解.

18. 求 $y'' - 4y' + 4y = 0$ 满足条件 $y(0) = 0, y'(0) = 1$ 的特解.

19. 求 $y'' + y = e^{-x}$ 的通解.

20. 求 $\sum\limits_{n=1}^{\infty} \dfrac{x^{n-1}}{n}$ 的收敛区间及和函数 $s(x)$.

2015 级

1. $z = \ln x + e^x \sin y$, 求 dy.

2. $z = f(y^x, x+y)$, 求 $\dfrac{\partial z}{\partial x}, \dfrac{\partial z}{\partial y}$.

3. $e^z + xyz = 6$, 求 $\dfrac{\partial z}{\partial x}, \dfrac{\partial z}{\partial y}$.

4. 求曲面 $x^2 + 2y^2 + 3z^2 = 21$ 在点 $M(1, -2, 2)$ 处的切平面方程和法线方程.

5. 已知 $I = \int_0^1 dx \int_{x^2}^1 f(x, y) dy$, 画出积分区域 D 的图形, 并交换积分次序.

6. 计算 $\iint\limits_{D}(x+y) d\sigma$, 其中 D 是由曲线 $y = x^2$ 与直线 $x = 2, y = 0$ 所围成的闭区域.

7. $D: x^2 + y^2 \leqslant 9$, 计算 $\iint\limits_{D} e^{x^2+y^2} d\sigma$.

8. 计算 $\iiint\limits_{\Omega}(x^2 + y^2) dv$, 其中 Ω 是由曲面 $x^2 + y^2 = 2z$ 及平面 $z = 2$ 所围成的闭区域.

9. 设平面曲线 L 为左半圆周 $x = -\sqrt{4-y^2}$, 计算 $\int_L (x^2 + y^2) ds$.

10. 计算 $I = \oint_L (e^x - y) dx + (2x + y^3) dy$, 其中 L 是直线 $x + y = 4$ 与两坐标轴所围成的三角形区域的正向边界.

11. 计算 $I = \oiint\limits_{\Sigma} x dydz + y dzdx + 2z dxdy$, 其中 Σ 是介于平面 $z = 0$ 和 $z = 5$ 之间的圆柱体 $x^2 + y^2 \leqslant 9$ 的整个表面的外侧.

12. 求 $\sum\limits_{n=1}^{\infty} \dfrac{2^n + 7^n}{9^n}$ 的和.

13. 判断 $\sum\limits_{n=1}^{\infty} \ln\left(1 + \dfrac{1}{n}\right)$ 的敛散性.

14. 求 $\sum\limits_{n=1}^{\infty} (-1)^n \dfrac{x^n}{n^2}$ 的收敛半径和收敛区间.

15. 判断 $\sum\limits_{n=1}^{\infty} (-1)^n \dfrac{n^4}{7^n}$ 的敛散性, 若收敛, 是条件收敛, 还是绝对收敛?

16. 将 $f(x) = \dfrac{1}{x}$ 展开成 $(x-6)$ 的幂级数, 并写出收敛区间.

17. 求 $\dfrac{dy}{dx} = \dfrac{e^x}{\cos y}$ 的通解.

18. 一曲线通过点 $(0,2)$ 且在该曲线上任一点 $M(x,y)$ 处的切线斜率为 e^{2x}，求此曲线方程.

19. 求 $y' + 2xy = 2x$ 的通解.

20. 求 $y'' + y = 6e^x$ 的通解.

2016 级

1. $z = \sin(x^2, y)$，求 $\dfrac{\partial z}{\partial x}, \dfrac{\partial z}{\partial y}, dz$.

2. $z = f(x^2 y, e^y)$，求 $\dfrac{\partial z}{\partial x}, \dfrac{\partial z}{\partial y}$.

3. $\sin z + e^{xz} - xy^2 = 1$，求 $\dfrac{\partial z}{\partial x}, \dfrac{\partial z}{\partial y}$.

4. 求曲面 $\sqrt{x} + \sqrt{y} + \sqrt{z} = 4$ 在点 $M(1,1,4)$ 处的切平面方程与法线方程.

5. $I = \displaystyle\int_1^e dx \int_0^{\ln x} f(x,y) dy$，画出积分区域 D 的图形，并交换积分次序.

6. 计算 $\displaystyle\iint_D \dfrac{x^2}{y^2} d\sigma$，其中 D 是由 $xy = 1, y = x, x = 2$ 所围成的闭区域.

7. 计算 $\displaystyle\iiint_\Omega z dv$，其中 Ω 是由曲面 $z = \sqrt{x^2 + y^2}$ 及平面 $z = 1$ 所围成的闭区域.

8. 计算 $I = \displaystyle\int_L \dfrac{1}{\sqrt{1+4y}} ds$，其中 L 是 $y = x^2$ 上点 $(0,0)$ 与 $(1,1)$ 之间的一段弧.

9. 计算 $I = \displaystyle\oiint_\Sigma xz dydz - \dfrac{y^2}{2} dzdx + yz dxdy$，其中 Σ 是由平面 $x=0, y=0, z=0, x=1, y=1, z=1$ 所围成的立体整个表面的外侧.

10. 求 $\displaystyle\sum_{n=0}^\infty \dfrac{3^n + 4^n}{5^n}$ 的和.

11. 判断 $\displaystyle\sum_{n=1}^\infty \dfrac{n^2}{2^n}$ 的敛散性.

12. 判断 $\displaystyle\sum_{n=1}^\infty \dfrac{\sin n^2}{n^2}$ 的敛散性，若收敛，是条件收敛，还是绝对收敛？并说明理由.

13. 求 $\displaystyle\sum_{n=1}^\infty \dfrac{x^n}{n 2^n}$ 的收敛半径和收敛区间.

14. 将 $f(x) = \dfrac{1}{x + x^2}$ 展开成 $(x-1)$ 的幂级数，并写出收敛区间.

15. $f(x)$ 的周期为 2π，它在 $[-\pi, \pi)$ 上的表达式为 $f(x) = \begin{cases} 0, -\pi \leqslant x < 0 \\ 1, 0 \leqslant x < \pi \end{cases}$，写出 $f(x)$ 的傅里叶系数 a_3 表达式，并求出其值.

16. 求 $y'' = e^x + \sin x$ 的通解.

17. 求 $\dfrac{dy}{dx} = x\cos^2 y$ 的通解.

18. 求 $y' + y = e^{-x}$ 满足 $y(0) = \dfrac{1}{2}$ 的特解.

19. 求 $y'' + 2y' + 5y = 0$ 的通解.

20. 求 $y'' - 2y' - 3y = -8e^x$ 的通解.

2017 级

1. $z = f\left(\sin\dfrac{x}{y}, x^2 + y^2\right)$，求 $\dfrac{\partial z}{\partial x}, \dfrac{\partial z}{\partial y}$.

2. $\dfrac{z}{y} = \ln\dfrac{x}{z}$，求 $\dfrac{\partial z}{\partial x}, \dfrac{\partial z}{\partial y}$.

3. 求曲面 $e^z + xy = 3$ 在点 $M(2,1,0)$ 处的切平面方程与法线方程.

4. 计算 $\iint\limits_D \cos\dfrac{y}{x}\mathrm{d}\sigma$，其中 D 是由 $y = 0, y = x, x = 1$ 所围成的闭区域.

5. 计算 $\iint\limits_D \cos\sqrt{x^2+y^2}\mathrm{d}\sigma$，其中 $D: x^2 + y^2 \leqslant \pi^2$.

6. 求由曲面 $z = \sqrt{x^2+y^2}$ 与 $z = x^2 + y^2$ 所围成立体的体积.

7. 计算 $\iiint\limits_\Omega xyz\mathrm{d}v$，其中 $0 \leqslant x \leqslant 1, 0 \leqslant y \leqslant 2, 0 \leqslant z \leqslant x$.

8. 计算 $I = \int_L \sqrt{y}\mathrm{d}s$，其中 L 是 $y = x^2$ 上点 $(0,0)$ 与 $(\sqrt{2}, 2)$ 之间的一段弧.

9. 计算 $I = \oint_L (xe^{2y} - y)\mathrm{d}x + (x^2e^{2y} + 1)\mathrm{d}y$，其中 $L: x^2 + y^2 = 4$，按逆时针方向绕行.

10. 计算 $I = \oiint\limits_\Sigma (x^2 + y^2 + z^2)\mathrm{d}s$，其中 $\Sigma: x^2 + y^2 + z^2 = a^2$.

11. 计算 $I = \oiint\limits_\Sigma (y^2 + x)\mathrm{d}y\mathrm{d}z + (z^2 + y)\mathrm{d}z\mathrm{d}x + (x^2 + z)\mathrm{d}x\mathrm{d}y$，其中 Σ 是由球面 $z = \sqrt{1 - x^2 - y^2}$ 与平面 $z = 0$ 所围成的区域整个表面的外侧.

12. 求 $\sum\limits_{n=1}^{\infty}\left(\dfrac{1}{2^n} + \dfrac{1}{3^n}\right)$ 的和.

13. 判断 $\sum\limits_{n=1}^{\infty} \tan\dfrac{\pi}{2^n}$ 的敛散性.

14. 判断 $\sum\limits_{n=1}^{\infty} \dfrac{\cos(n+1)}{n^3}$ 的敛散性，若收敛，是条件收敛还是绝对收敛？并说明理由.

15. 求 $\sum\limits_{n=0}^{\infty} (-1)^n \dfrac{x^n}{4^n}$ 的收敛半径和收敛区间.

16. 将 $f(x) = \dfrac{1}{x-1}$ 展开成 $(x+2)$ 的幂级数，并写出收敛区间.

17. 求 $y' - \dfrac{y^2}{1+x^2} = 0$ 的通解.

18. 求 $y'' = e^x$ 的经过点 $M(0,2)$ 且在此点处与直线 $y = x + 2$ 相切的积分曲线方程.

19. 求 $y' - \dfrac{y}{2x} = x^{\frac{5}{2}}$ 的通解.

20. 求 $y'' + 4y' + 4y = e^{2x}$ 的通解.

第二部分 高等数学试题答案

一、高等数学上册期中试题答案

2005 级

1. $f(x)=e^{2x}, f(\ln 2)=4$
2. $\dfrac{2}{3}$
3. 6
4. $4\ln 2$
5. $x=1$ 是第一类（可去）间断点，$x=2$ 是第二类（无穷）间断点
6. $y'=2e^{2x}-\sin 2x, y''=4e^{2x}-2\cos 2x$
7. $\dfrac{1}{1+x^2}$
8. $2^{\sin^2 x}\ln 2 \cdot \sin 2x\,\mathrm{d}x$
9. $\dfrac{1}{(1+x^2)^{3/2}}$
10. $f'(x)=\sec x, f'\left(\dfrac{\pi}{4}\right)=\sqrt{2}$
11. $\dfrac{\mathrm{d}y}{\mathrm{d}x}=\dfrac{t}{2}, \dfrac{\mathrm{d}^2 y}{\mathrm{d}x^2}=\dfrac{1+t^2}{4t}$
12. $2^n\sin\left(2x+n\cdot\dfrac{\pi}{2}\right)$
13. $a=2$，极大值 $f\left(\dfrac{\pi}{3}\right)=\sqrt{3}$
14. $a=-3, b=9$，凹区间 $(-\infty,1]$，凸区间 $[1,+\infty)$
15. $a=-2, b=1$
16. 极小值 $f(-2)=-19$，极大值 $f(-4)=-15$
17. 略
18. $(-1,+\infty)$
19. $y-1=-\dfrac{x}{e}$
20. -1

2006 级

1. 偶函数

2. $k = \ln 2$

3. $x = 0$ 是第一类(可去)间断点，$x = \dfrac{1}{2}$ 是第二类(无穷)间断点

4. $p + q = 1$

5. 当 $x \neq 0$ 时，$f'(x) = \dfrac{1 + e^{\frac{1}{x}} + \dfrac{1}{x}e^{\frac{1}{x}}}{(1 + e^{\frac{1}{x}})^2}$；当 $x = 0$ 时，$f'(0)$ 不存在

6. $y' = f'[f(e^x)]f'(e^x)e^x$

7. $f'(2) = -\dfrac{1}{4}$

8. $\dfrac{dy}{dx} = \dfrac{1}{t}$，$\dfrac{d^2 y}{dx^2} = -\dfrac{1 + t^2}{t^3}$

9. $a = 1, b = 2$

10. $a = \dfrac{1}{2}, b = 1$

11. $f^{(n)}(x) = \dfrac{(n-1)!}{(1-x)^n}$，$f^{(n)}(0) = (n-1)!$

12. $y + x - 2 = 0$

15. $M\left(\dfrac{16}{3}, \dfrac{256}{9}\right)$

2007 级

1. 偶函数

2. e^2

3. $\dfrac{1}{2}$

4. 6

5. $-\dfrac{1}{12}$

6. $a = 8, b = 4, c = 1$

7. 连续区间为 $(-\infty, 0), (0, +\infty)$；$x = 0$ 是第一类(跳跃)间断点

8. $a = -1, b = 2$

9. $y' = \cot x + \dfrac{2x^3}{1 - x^4}$

10. $dy = \dfrac{4 - x}{\sqrt{4x - x^2}}dx$，即 $dy = \sqrt{\dfrac{4 - x}{x}}dx$

11. $y^{(n)} = \dfrac{2(-1)^n n!}{(1 + x)^{n+1}}$

12. $y'(0) = \dfrac{1}{a}$

13. $\dfrac{\mathrm{d}y}{\mathrm{d}x} = \dfrac{1+\ln x}{1+\ln y}$

15. $\dfrac{\mathrm{d}y}{\mathrm{d}x} = -\dfrac{1}{2t}, \dfrac{\mathrm{d}^2 y}{\mathrm{d}x^2} = \dfrac{1+t^2}{4t^3}$

16. $y = 2\mathrm{e}x$

17. 略

18. 略

19. 单调减区间为$(-\infty,-1],[1,+\infty)$；单调增区间为$[-1,1]$，极大值$f(1)=1$，极小值$f(-1)=-1$

20. 边长为$\sqrt{2}a,\sqrt{2}b$时，内接矩形面积最大

2008 级

1. 偶函数

2. 1

3. $\dfrac{1}{2}$

4. $\dfrac{1}{3}$

5. $f(x)$的连续区间为$(-\infty,0),(0,+\infty)$，$x=0$是$f(x)$的第一类（可去）间断点．

6. $f(x)$在$x=a$处连续，但不可导

7. $a=-3,b=5$

8. $5\sqrt{5}$

9. $48!$

10. $a=\dfrac{9}{2}, b=3$

11. 切线方程$y+1=\dfrac{1}{\mathrm{e}}x$，法线方程$y+1=-\mathrm{e}x$

12. $f'(0) < f(1)-f(0) < f'(1)$

13. 略

14. $\mathrm{d}y = (1+2x)\mathrm{e}^{2x}\mathrm{d}x$

15. $\dfrac{\mathrm{d}y}{\mathrm{d}x} = \dfrac{t}{2}, \dfrac{\mathrm{d}^2 y}{\mathrm{d}x^2} = \dfrac{1+t^2}{4t}$

16. $f''(x) = \tan x \cdot \sec x$

17. 极大值$y(\mathrm{e}) = \mathrm{e}^{\frac{1}{\mathrm{e}}}$

18. 凹区间$(-\infty,0]$，凸区间$[0,+\infty)$，拐点$(0,0)$

2009 级

1. 奇函数

2. $f'(t) = (1+2t)e^{2t}$

3. 0

4. $a=2, b=-4, c=2$

5. $\dfrac{1}{5}$

6. 2

7. $\dfrac{1}{2}$

8. $x=0$ 是第一类(跳跃)间断点，$x=3$ 是第一类(可去)间断点，$x=-3$ 是第二类(无穷)间断点

9. $y' = -\dfrac{1}{x^2} 6^{\sin^2 \frac{1}{x}} \ln 6 \sin \dfrac{2}{x}$

10. $dy = x^{\frac{1}{x}-2}(1-\ln x)dx$

11. $\dfrac{13}{6}$

12. 切线方程：$y+x=\dfrac{\sqrt{2}}{2}a$，法线方程：$y-x=0$

13. $\dfrac{dy}{dx} = t, \dfrac{d^2y}{dx^2} = \dfrac{1}{6t+2}$

14. $a=-3, b=0, c=1$

15. 略

16. $f'(0) > f(1)-f(0) > f'(1)$

17. $\varphi(0)\ln 5$

18. (1) $-\dfrac{x+2}{x^3}$; (2) $\dfrac{2x+6}{x^4}$; (3) $f(-2)=-\dfrac{1}{4}$; (4) $\left(-3, -\dfrac{2}{9}\right)$

2010 级

1. 9

2. e

3. $-\dfrac{1}{6}$

4. 连续区间为 $(-\infty, 0), (0, +\infty)$，$x=0$ 是 $f(x)$ 的第一类(跳跃)间断点

5. $a=2, f'(0)=2$

6. $f'(x) = \left(1+\dfrac{1}{x}\right)^x \left[\ln\left(1+\dfrac{1}{x}\right) - \dfrac{1}{1+x}\right], f'\left(\dfrac{1}{2}\right) = \sqrt{3}\left(\ln 3 - \dfrac{2}{3}\right)$

7. $dy = f'(e^{\arcsin x})e^{\arcsin x} \dfrac{1}{\sqrt{1-x^2}}dx$

8. $a=1, b=-1$

9. 11

10. $f^{(n)}(x) = n![f(x)]^{n+1}$

11. $f'(1) = \dfrac{1}{9\,900}$

12. $(1,\ln 2),(-1,\ln 2)$

13. $\dfrac{dy}{dx} = \dfrac{t}{3}, \dfrac{d^2y}{dx^2} = \dfrac{1+t^2}{9}$

14. (1) $\dfrac{2x}{(1-x^2)^2}$;(2) $\dfrac{2(3x^2+1)}{(1-x^2)^3}$;(3) $f(0)=1$;(4) $y=0$;(5) $x=\pm 1$

15. 略

16. 切线方程:$y+x = \dfrac{\sqrt{2}}{2}a$,法线方程:$y-x = 0$

17. $a=0, b=-1, c=3.$

2011 级

1. 偶函数

2. 2

3. $a = \ln 2$

4. 27

5. 2

6. 连续区间为$(-\infty,0),(0,+\infty)$,$x=0$ 为 $f(x)$ 的第二类(无穷)间断点

7. $y' = \dfrac{2x}{1+x^2}, y'' = \dfrac{2(1-x^2)}{(1+x^2)^2}, y''(0) = 2$

8. $\dfrac{dy}{dx} = \dfrac{1}{2t}, \dfrac{d^2y}{dx^2} = -\dfrac{1+t^2}{4t^3}$

9. $y' = e^{e^x} e^x$

10. 极大值 $y(e) = e^{\frac{1}{e}}$

11. $a = 4$

13. 切线方程:$x+y = \dfrac{\sqrt{2}}{2}$,法线方程:$y=x$

14. $dy = e^{3x}(1+3x)dx$

16. 水平渐近线 $y=0$,铅直渐进线 $x=1$

17. 凸区间$(-\infty,0]$,凹区间$[0,+\infty)$,拐点$(0,0)$

19. 极大值 $y(e) = \dfrac{1}{e}$

20. $a = -1, b = 3$

2012 级

1. 奇函数

2. $a = \ln 3$

3. $\dfrac{1}{2}$

4. $dy = e^{8x}(1+8x)dx$

5. $\dfrac{1}{2}$

6. 连续区间为$(-\infty,0),(0,+\infty)$，$x=0$是$f(x)$的第二类(无穷)间断点

7. $f'(x) = \dfrac{e^x}{1+e^{2x}}, f'(0) = \dfrac{1}{2}$

8. $y' = x^{\sin x}\left(\cos x \ln x + \dfrac{\sin x}{x}\right)$

9. $f'(x) = \sec x, f''(x) = \tan x \sec x$

10. $a = 8, f'(0) = 32$

11. $y' = \dfrac{2^x \ln 2 + e^x}{1 - 3^y \ln 3}$

12. $\dfrac{dy}{dx} = 5t^3, \dfrac{d^2 y}{dx^2} = \dfrac{5}{2}t$

13. $y + ex = 0$

14. $a = -3, b = 9$

15. 略

16. $f'(0) < f(1) - f(0) < f'(4)$

17. 略

18. 凸区间$(-\infty,0]$，凹区间$[0,+\infty)$，拐点$(0,1)$.

19. $(1) x > 0; (2) \dfrac{1-\ln x}{x^2}; (3) \dfrac{2\ln x - 3}{x^3}; (4) f(e) = \dfrac{1}{e}; (5) y = 0$

2013 级

1. 奇函数

2. $-\dfrac{1}{2}$

3. $\ln 3$

4. e

5. $a = 0, f'(0) = 0$

6. $x = 0$是第一类(可去)间断点；$x = 6$是第二类(无穷)间断点

7. $y' = \sin 2x, y'' = 2\cos 2x, y''(0) = 2$

8. 略

9. $y' = x^x(1 + \ln x)$

10. $\dfrac{dy}{dx} = -\dfrac{1}{t}, \dfrac{d^2 y}{dx^2} = \dfrac{1}{t^3}$

11. 切线方程：$y = x$，法线方程：$y = -x$

12. 略

13. $y' = \dfrac{-2x}{1+x^4}, dy = \dfrac{-2x}{1+x^4}dx$

14. $y' = -\dfrac{\sqrt{y}}{\sqrt{x}}$

15. 极小值 $y(0) = 0$

16. 略

17. 凸区间 $(-\infty, 0)$,凹区间 $(0, +\infty)$

18. $a = -1, b = 3$

19. $(1)(-\infty, +\infty)$;$(2)\dfrac{1-x}{e^x}$;$(3)\dfrac{x-2}{e^x}$;$(4)f(1) = \dfrac{1}{e}$;$(5)\left(2, \dfrac{2}{e^2}\right)$

2014 级

1. 奇函数

2. $e^{-\frac{3}{2}}$

3. 0

4. $-\dfrac{5}{2}$

5. $a = \dfrac{2}{3}$

6. $x = 0$ 为第一类(跳跃)间断点,$x = 1$ 是第二类(无穷)间断点

7. $f(x)$ 在 $x = 1$ 处不连续,从而不可导

8. $f'(0) = \varphi(0)\ln 2$

9. $\dfrac{dy}{dx} = x^{\sin x}\left(\cos x \ln x + \dfrac{\sin x}{x}\right)$

10. $\dfrac{dy}{dx} = e^x \cot e^x, dy = e^x \cot e^x dx$

11. $y' = 1 + 2x\arctan x, y'' = 2\arctan x + \dfrac{2x}{1+x^2}, y''(0) = 0$

12. $\dfrac{dy}{dx} = -\cot t, \dfrac{d^2y}{dx^2} = -\sec^3 t$

13. 切线方程:$y + x = 2$,法线方程:$y = x$

14. 单调增区间 $(-\infty, 1]$,单调减区间 $[1, +\infty)$,极大值 $y(1) = e^{-1}$

15. 略

16. 凸区间 $(-\infty, 0]$,凹区间 $[0, +\infty)$,拐点 $(0, 1)$

17. 铅直渐近线 $x = \pm 1$,水平渐近线 $y = 0$

18. $a = -1, b = 3$

2015 级

1. 偶函数

2. -1

3. $\dfrac{1}{2}$

4. e

5. $\dfrac{1}{2}$

6. $x=0$ 是第一类(跳跃)间断点; $x=1$ 是第二类(无穷)间断点

7. $f(x)$ 在 $x=0$ 处连续,但不可导

8. $a=\dfrac{1}{2}, b=-\dfrac{1}{2}$

9. $y'=\dfrac{1}{\sqrt{1+x^2}}, y''=\dfrac{-x}{(1+x^2)^{\frac{3}{2}}}, y''(0)=0$

10. $y'=\left(\dfrac{\cos x}{x}-\sin x\ln x\right)x^{\cos x}$

11. $y'=-\dfrac{1}{x^2}\cos\dfrac{1}{x}e^{\sin\frac{1}{x}}, dy=-\dfrac{1}{x^2}\cos\dfrac{1}{x}e^{\sin\frac{1}{x}}dx$

12. $y=f(x)$ 的图形在 $(0,1)$ 内是单调减,且是凹的

13. 切线方程: $x+3y-4=0$, 法线方程: $3x-y-2=0$

14. 略

15. 单调增区间 $(-1,0]$, 单调减区间 $[0,1)$, 极大值 $f(0)=0$

16. 略

17. $a=-4, b=5$

18. 水平渐近线 $y=0$, 铅直渐进线 $x=3$

19. 凸区间 $(-\infty,2]$, 凹区间 $[2,+\infty)$, 拐点 $(2, 2e^{-2})$

2016 级

1. 偶函数

2. $\ln 2$

3. 4

4. 0

5. $\dfrac{1}{2}$

6. $f(x)$ 的连续区间为 $(-\infty,0), (0,+\infty)$, $x=0$ 是 $f(x)$ 的第一类(跳跃)间断点

7. $f'_-(0)=-1, f'_+(0)=1, f(x)$ 在 $x=0$ 处不可导

8. $f'(x)=\sec x, f''(x)=\sec x\tan x, f''\left(\dfrac{\pi}{4}\right)=\sqrt{2}$

9. $\dfrac{dy}{dx}=\dfrac{2}{t}, \dfrac{d^2y}{dx^2}=-\dfrac{2(1+t^2)}{t^4}$

10. $y'=x^{\cos x}\left(\dfrac{\cos x}{x}-\sin x\ln x\right)$

11. 切线方程: $2x-y-2=0$, 法线方程: $x+2y-1=0$

12. $dy=-\dfrac{\ln 2}{x^2}2^{\sin^2\frac{1}{x}}\sin\dfrac{2}{x}dx$

13. 略

14. 单调增区间$(0,e]$,单调减区间$[e,+\infty)$,极大值$y(e)=\dfrac{1}{e}$

15. 凸区间$(-\infty,0]$,凹区间$[0,+\infty)$,拐点$(0,1)$

16. 略

17. 水平渐近线$y=0$,铅直渐近线$x=1$

18. 略

19. $a=\dfrac{1}{2}, b=-\dfrac{3}{2}$

2017 级

1. 偶函数

2. e^6

3. -1

4. 2

5. 2

6. $x=1$是第一类(可去)间断点,$x=0$是第二类(无穷)间断点

7. $f'(x)=\dfrac{2x}{1+x^2}, f''(x)=\dfrac{2(1-x^2)}{(1+x^2)^2}, f''(1)=0$

8. $f'_-(0)=f'_+(0)=f'(0)=0$

9. $\dfrac{dy}{dx}=-\dfrac{1}{t}, \dfrac{d^2y}{dx^2}=-\dfrac{\sqrt{1-t^2}}{t^3}$

10. $y'=(1+\dfrac{1}{x})^x\left[\ln\left(1+\dfrac{1}{x}\right)-\dfrac{1}{1+x}\right]$

11. 切线方程:$x-y-4=0$;法线方程:$x+y=0$

12. $y'=\dfrac{e^{\arctan x}}{1+x^2}, dy=\dfrac{e^{\arctan x}}{1+x^2}dx$

13. $f'(9)=9$

14. 单调减区间$(0,1]$,单调增区间$[1,+\infty)$,极小值$y(1)=1$

15. 凸区间$(-\infty,2]$,凹区间$[2,+\infty)$,拐点$(2,-16)$

16. 略

17. 水平渐近线$y=0$,铅直渐近线$x=2$

18. 略

19. $a=-3, b=0, c=1$

2018 级

1. 偶函数

2. 10

3. $f(x)=e^x, f(\ln 3)=3$

4. 4

5. $\dfrac{1}{2}$

6. e

7. $x = 0$ 是 $f(x)$ 的第一类(跳跃)间断点

8. $a = 6, f'(0) = 18$

9. $y' = \dfrac{1-x}{e^x}, y'' = \dfrac{x-2}{e^x}$

10. $\dfrac{dy}{dx} = -\sqrt{\dfrac{y}{x}}$

11. $y' = e^x \cot e^x, dy = e^x \cot e^x dx$

12. 切线方程:$y - x + 1 = 0$,法线方程:$y + x - 1 = 0$

13. 略

14. 单调增区间$[0, +\infty)$,单调减区间$(-\infty, 0]$,极小值 $y(0) = 0$

15. 凹区间$[0, +\infty)$,凸区间$(-\infty, 0]$,拐点$(0, 6)$

16. 略

17. 水平渐近线 $y = 0$,铅直渐近线 $x = -2$

18. $a = -\dfrac{1}{4}, b = \dfrac{3}{2}$

19. ln3

二、高等数学上册期末试题答案

2005 级

1. $f(2) = 1$

2. $\dfrac{2}{3}$

3. $y' = \sec x + \csc x, dy = (\sec x + \csc x) dx$

4. 定义域 $x > 0$,单调增区间$(0, e]$,单调减区间$[e, +\infty)$,极大值 $f(e) = \dfrac{1}{e}$,凸区间$(0, e^{\frac{3}{2}}]$,凹区间$[e^{\frac{3}{2}}, +\infty)$,拐点 $\left(e^{\frac{3}{2}}, \dfrac{3}{2}e^{-\frac{3}{2}}\right)$,水平渐近线 $y = 0$,铅直渐近线 $x = 0$

5. $a = \dfrac{b}{2}$

6. e^2

7. $\dfrac{dy}{dx} = \dfrac{xy \ln y - y^2}{xy \ln x - x^2}$

8. a

9. 2

10. $\arctan(\sin x + \cos x) + c$

11. $\dfrac{\pi}{16}$

12. $4\sqrt{2}$

13. $-\dfrac{3}{2}$

14. $5x+2y-3z-8=0$

15. $\dfrac{\pi}{4}$

16. 略

2006 级

1. 1
2. e^5
3. 2
4. $y' = \dfrac{x^2}{(4-x^2)^{3/2}}$
5. $\dfrac{1}{90}$
6. $\dfrac{dy}{dx} = 2\sqrt{t},\ \dfrac{d^2y}{dx^2} = 2(1+t)$
7. $\tan x - \dfrac{x}{2} + c$
8. $\dfrac{x^2}{2}\arctan x - \dfrac{x}{2} + \dfrac{1}{2}\arctan x + c$
9. $\dfrac{-\sqrt{b^2-x^2}}{b^2 x} + c$
10. -4π
11. $\dfrac{4}{5}$
12. $1 + \ln\dfrac{3}{4-e}$
13. 24
14. $\sqrt{37}$
15. $\lambda = 18$
16. $3x + 2y + 3z - 12 = 0$
17. $\dfrac{x}{-2} = \dfrac{y-2}{3} = \dfrac{z-4}{1}$
18. 4.5

2007 级

1. $\dfrac{1}{2}$

2. 1

3. 6

4. $3x+y-1=0$

5. $y' = \dfrac{x}{\sqrt{1-x^2}}\csc^2\sqrt{1-x^2}$

6. $\dfrac{dy}{dx} = \dfrac{\cos t}{2t}, \dfrac{d^2y}{dx^2} = \dfrac{-(t\sin t + \cos t)}{4t^3}$

7. $\dfrac{dy}{dx} = \dfrac{ye^{xy}}{2y - xe^{xy}}$

8. $\dfrac{1}{2}\ln(1+x^2) + \dfrac{1}{2}(\arctan x)^2 + c$

9. $-\dfrac{1}{4}x\cos 2x + \dfrac{1}{8}\sin 2x + c$

10. $\dfrac{1}{x} - \dfrac{2\ln x}{x} + c$

11. $\ln(1+\sin^2 x) + c$

12. $\dfrac{\pi}{6} - \dfrac{\sqrt{3}}{2} + 1$

13. $\dfrac{5}{16}\pi$

14. $\dfrac{\pi}{16}$

15. $\dfrac{\pi}{4} - \dfrac{1}{2}\ln 2$

16. $\dfrac{\pi}{2}e^2 - \dfrac{7}{6}\pi$

17. $\sqrt{3}$

18. $-\dfrac{3}{2}$

19. $3x - y - 10z + 29 = 0$

20. $\dfrac{27}{4}$

2008 级

1. 27

2. 2

3. $\dfrac{1}{2}$

4. 2

5. $dy = -\dfrac{1}{x^2}8^{\sin^2\frac{1}{x}}\ln 8 \sin\dfrac{2}{x}dx$

6. $a = -3, b = 9$

7. $\dfrac{dy}{dx} = 2t, \dfrac{d^2y}{dx^2} = 2(1+t^2)$

8. $x+y=\dfrac{\sqrt{2}}{2}a$

9. $-\dfrac{1}{x}-\arctan x+c$

10. $\dfrac{\tan^3 x}{3}-\tan x+x+c$

11. $-\sqrt{1-x^2}\arcsin x+x+c$

12. $\dfrac{x\cos x-2\sin x}{x}+c$

13. $2(e^2+1)$

14. $\dfrac{1}{3}$

15. $\dfrac{\pi}{2}$

16. $\dfrac{\pi}{2}$

17. $\sqrt{6}$

18. $4x+5y+6z-32=0$

19. $\dfrac{x-2}{32}=\dfrac{y-3}{13}=\dfrac{z-4}{-34}$

2009 级

1. 2

2. ln2

3. 2

4. 1

5. $\sqrt{2}$

6. $(0,0)$

7. 2

8. $x+y=\dfrac{\sqrt{2}}{2}a$

9. $\dfrac{\mathrm{d}y}{\mathrm{d}x}=t,\dfrac{\mathrm{d}^2 y}{\mathrm{d}x^2}=\dfrac{1}{2t+4}$

10. $\sin x-\dfrac{\sin^3 x}{3}+c$

11. $\sec x-\tan x+x+c$

12. $-\dfrac{\sqrt{a^2-x^2}}{a^2 x}+c$

13. $\dfrac{e}{2}$

14. $\dfrac{\pi}{16}$

15. $\dfrac{\pi}{4} - \dfrac{\ln 2}{2}$

16. $\dfrac{81}{2}\pi$

17. 15

18. $16x - 14y - 11z - 65 = 0$

19. $\dfrac{x-1}{3} = \dfrac{y-2}{4} = \dfrac{z-3}{5}$

2010 级

1. $(1 + 2t)e^{2t}dt$

2. e

3. 2

4. 极小值 $f(0) = 0$

5. 8

6. $f'(x) = \dfrac{1}{\sqrt{1+x^2}}, f''(x) = \dfrac{-x}{(1+x^2)^{3/2}}, f''(0) = 0$

7. $\dfrac{dy}{dx} = \dfrac{5}{3}t^2, \dfrac{d^2y}{dx^2} = \dfrac{10}{9t}$

8. $a = -3, b = 0, c = 1$

9. $\arctan(\sin^2 x) + c$

10. $x\arctan x - \dfrac{1}{2}\ln(1 + x^2) + c$

11. $\dfrac{\pi}{16}$

12. $4 - 2\ln 3$

13. $2\sqrt{x}e^{\sqrt{x}} - 2e^{\sqrt{x}} + c$

14. $\dfrac{\pi}{2} - 1$

15. $\dfrac{\pi^2}{8}$

16. $\dfrac{\pi}{2}e^2 - \dfrac{7}{6}\pi$

17. $\dfrac{x-3}{9} = \dfrac{y-2}{2} = \dfrac{z-1}{5}$

18. 3

19. $5x + 2y - 3z - 8 = 0$

2011 级

1. 0

2. ln4

3. 2

4. $\dfrac{dy}{dx} = 9t^6, \dfrac{d^2y}{dx^2} = 18t^3$

5. 3

6. 凹区间$(-\infty, 0]$，凸区间$[0, +\infty)$

7. 极大值 $y(e) = \dfrac{1}{e}$

8. $x + y = 2$

9. $\ln|x| - \dfrac{1}{2}\ln(1+x^2) + c$

10. $e^x - \dfrac{2e^x}{x} + c$

11. $\dfrac{\pi}{6} - \dfrac{\sqrt{3}}{2} + 1$

12. $x\arcsin x + \sqrt{1-x^2} + c$

13. $\arctan e - \dfrac{\pi}{4}$

14. $6 - 4\ln 2$

15. $\dfrac{\pi^3}{24}$

16. 12

17. $\dfrac{x-3}{1} = \dfrac{y}{2} = \dfrac{z-9}{4}$

18. $x - y + 2z - 3 = 0$

19. $\dfrac{11}{6}\pi$

2012 级

1. $\dfrac{e^{\sin\sqrt{x}}\cos\sqrt{x}}{2\sqrt{x}}dx$

2. 1

3. $y + \dfrac{x}{e} - 1 = 0$

4. 极小值 $y(0) = 0$

5. $\dfrac{dy}{dx} = \dfrac{t}{2}, \dfrac{d^2y}{dx^2} = \dfrac{1+t^2}{8}$

6. 凸区间$(-\infty, 2]$，凹区间$[2, +\infty)$，拐点$\left(2, \dfrac{2}{e^2}\right)$

7. $\arctan e^x + c$

8. $\dfrac{1}{2}\ln(1+x^2) + \dfrac{(\arctan x)^2}{2} + c$

9. $\dfrac{\sqrt{x^2-1}}{x} + c$

10. $\dfrac{22}{3}$

11. π

12. $-\dfrac{x}{1+e^x}+x-\ln(1+e^x)+c$

13. 2

14. $\dfrac{3}{2}-\ln 2$

15. $\displaystyle\int_{\frac{1}{x}}^{\ln x} f(t)\,dt+f(\ln x)+\dfrac{1}{x}f\left(\dfrac{1}{x}\right)$

16. $4\sqrt{2}$

17. 48π

18. $2\sqrt{14}$

19. $9x+2y+5z-36=0$

20. $\dfrac{x-1}{1}=\dfrac{y-2}{-1}=\dfrac{z-4}{2}$

2013 级

1. $y'=9e^{9x},dy=9e^{9x}dx$

2. $\dfrac{1}{4}$

3. $\dfrac{1}{2}$

4. $\dfrac{dy}{dx}=2t,\dfrac{d^2y}{dx^2}=2(1+t^2)$

5. $\ln 2$

6. 切线方程:$x+2y-3=0$;法线方程:$2x-y-1=0$

7. 略

8. $2e^{\sqrt{x}}+c$

9. $\sqrt{9+x^2}+c$

10. $x\cos x-\sin x+c$

11. $\dfrac{9}{4}\pi$

12. π

13. $\dfrac{1}{3}$

14. $\dfrac{1}{6}$

15. 8π

16. $\sqrt{6}$

17. $x+7y-5z+2=0$

18. $\dfrac{x-3}{1} = \dfrac{y-2}{2} = \dfrac{z-1}{3}$

19. (1) 偶函数；(2) xe^{-x^2}；(3) $(1-2x^2)e^{-x^2}$；(4) $[0,+\infty)$；(5) $f(0)=0$

2014 级

1. $\dfrac{\mathrm{d}y}{\mathrm{d}x} = 2^{\sqrt{x}}\left(1+\dfrac{\ln 2}{2}\sqrt{x}\right), \mathrm{d}y = 2^{\sqrt{x}}\left(1+\dfrac{\ln 2}{2}\sqrt{x}\right)\mathrm{d}x$

2. $\dfrac{1}{x}$

3. 1

4. $\dfrac{8}{3}$

5. $\dfrac{\mathrm{d}y}{\mathrm{d}x} = \dfrac{e^t}{t}, \dfrac{\mathrm{d}^2 y}{\mathrm{d}x^2} = \dfrac{e^t(t-1)}{2t^3}$

6. $\dfrac{\mathrm{d}y}{\mathrm{d}x} = \dfrac{y(x\ln y - y)}{x(y\ln x - x)}$

7. 极小值 $f(0)=0$

8. $\arctan(\ln x) + c$

9. $-\dfrac{\sqrt{1-x^2}}{x} + c$

10. $-x\sin x - \cos x + c$

11. $\dfrac{1}{6}$

12. $\dfrac{4}{3}$

13. $\dfrac{\pi^4}{64}$

14. 18

15. $\dfrac{8}{5}\pi$

16. $s_1 = \sqrt{19}, s_2 = \dfrac{\sqrt{19}}{2}$

17. $\dfrac{x-1}{3} = \dfrac{y+1}{2} = \dfrac{z-2}{-1}$

18. $3x - y - 2z + 5 = 0$

19. $x_0 = \dfrac{a}{\sqrt{2}}$，最小值为 $a^2\left(1-\dfrac{\pi}{4}\right)$

2015 级

1. $y' = (1+3x)e^{3x}, \mathrm{d}y = (1+3x)e^{3x}\mathrm{d}x$

2. 2

3. 1

4. 1

5. $y' = f'(e^{\arctan x})e^{\arctan x}\dfrac{1}{1+x^2}, \mathrm{d}y = f'(e^{\arctan x})\dfrac{e^{\arctan x}}{1+x^2}\mathrm{d}x$

6. $\dfrac{\mathrm{d}y}{\mathrm{d}x} = 2t, \dfrac{\mathrm{d}^2 y}{\mathrm{d}x^2} = 2(1+t^2)$

7. 切线方程:$x+y = \dfrac{\sqrt{2}}{2}a$,法线方程:$y = x$

8. $-2\cos\sqrt{x}+c$

9. $x\arcsin x+\sqrt{1-x^2}+c$

10. $2e^2$

11. π

12. $\dfrac{2}{3}\pi$

13. 1

14. 1

15. $\dfrac{\pi e^2}{2} - \dfrac{7\pi}{6}$

16. $\sqrt{6}$

17. $7x+2y-8z-22 = 0$

18. $\dfrac{x-2}{1} = \dfrac{y-1}{-2} = \dfrac{z-3}{3}$

19. (1) 奇函数;(2) $\dfrac{1}{\sqrt{1+x^2}}$;(3) $-\dfrac{x}{(1+x^2)^{3/2}}$;(4) $[0,+\infty)$;(5) $(0,0)$

2016 级

1. $y' = \dfrac{1}{2\sqrt{x-x^2}}, \mathrm{d}y = \dfrac{\mathrm{d}x}{2\sqrt{x-x^2}}$

2. 2

3. 6

4. 1

5. 1

6. $\dfrac{\mathrm{d}y}{\mathrm{d}x} = \dfrac{1}{2t^2}, \dfrac{\mathrm{d}^2 y}{\mathrm{d}x^2} = -\dfrac{1}{2t^4}$

7. 切线方程:$x+y = 1$,法线方程:$y = x+1$.

8. 单调增区间$[-1,+\infty)$,单调减区间$(-2,-1]$,极小值 $y(-1) = -1$

9. 凹区间$(-\infty,0]$,凸区间$[0,+\infty)$,拐点$(0,-1)$

10. $\sin x - \dfrac{\sin^3 x}{3}+c$

11. $x\arctan x - \dfrac{1}{2}\ln(1+x^2)+c$

12. $\dfrac{3}{8}\pi$

13. $2(1-\dfrac{\pi}{4})$

14. $e+\dfrac{1}{e}-2$

15. $\dfrac{1-2\ln x}{x}+c$

16. $\dfrac{3\pi}{10}$

17. $\dfrac{1}{2}$

18. $\sqrt{62}$

19. $x-y+2z-7=0$

20. $\dfrac{x-1}{4}=\dfrac{y-2}{2}=\dfrac{z-3}{1}$

2017 级

1. 2
2. 12
3. $y'=\dfrac{1}{\sqrt{1+x^2}}, dy=\dfrac{1}{\sqrt{1+x^2}}dx$
4. $\dfrac{dy}{dx}=-\cot t, \dfrac{d^2y}{dx^2}=-\csc^3 t$
5. 单调减区间$(0,\dfrac{1}{2}]$,单调增区间$[\dfrac{1}{2},+\infty)$,极小值 $y\left(\dfrac{1}{2}\right)=\ln 2+\dfrac{1}{2}$
6. $\tan x-x+c$
7. $\ln|\ln x|+c$
8. $\dfrac{\pi}{4}-\dfrac{1}{2}$
9. $-\dfrac{\sqrt{1+x^2}}{x}+c$
10. $3\ln 2-\dfrac{3}{2}$
11. $\dfrac{1}{3}(e-\dfrac{1}{e})$
12. $\dfrac{5\pi}{32}$
13. $\dfrac{2x^2}{\sqrt{1-x^4}}-\arcsin x^2+c$
14. $e-\dfrac{3}{2}$
15. $\dfrac{72}{5}\pi$
16. $\dfrac{1}{2}$

17. $\{1, -5, -3\}$

18. $8\sqrt{3}$

19. $4x - 7y - 2z - 16 = 0$

20. $\dfrac{x-1}{3} = \dfrac{y-1}{4} = \dfrac{z+2}{-1}$

2018 级

1. 2

2. 3

3. $a = -3, b = 0, c = 1$

4. 略

5. $\dfrac{x^3}{3} - x + \arctan x + c$

6. $\dfrac{3}{2}(\sin x - \cos x)^{\frac{3}{2}} + c$

7. $\dfrac{\sqrt{x^2-1}}{x} + c$

8. $-\sqrt{1-x^2}\arcsin x + x + c$

9. $\arctan e - \dfrac{\pi}{4}$

10. $e - 1$

11. $4e^3 + 2$

12. $e - 1$

13. $x\sin 2x - \sin^2 x + c$

14. $f(e^x) = \dfrac{x-1}{x^2}, f(e^2) = \dfrac{1}{4}$

15. $12 - \ln 5$

16. 24

17. $x + 7y - 5z - 12 = 0$

18. $\dfrac{x-7}{3} = \dfrac{y}{2} = \dfrac{z-4}{1}$

19. (1) $\dfrac{1-\ln x}{x^2}$；(2) $\dfrac{2\ln x - 3}{x^3}$；(3) $f(e) = \dfrac{1}{e}$；(4) $y = 0$；(5) $x = 0$

三、高等数学下册期中试题答案

2005 级

1. $\dfrac{\partial z}{\partial x} = 3^x \ln 3 + e^{\sin x}\cos x, \quad \dfrac{\partial z}{\partial y} = 9y^8$

2. $dz = \dfrac{x}{x^2+y^2}dx + \dfrac{y}{x^2+y^2}dy$

3. $\dfrac{\partial z}{\partial x} = yx^{y-1}f'_1 + y^x \ln y f'_2$, $\quad \dfrac{\partial z}{\partial y} = x^y \ln x f'_1 + xy^{x-1}f'_2$

4. $\dfrac{\partial z}{\partial x} = \dfrac{2xy}{e^z + 2z}$, $\quad \dfrac{\partial z}{\partial y} = \dfrac{x^2}{e^z + 2z}$

5. $\sqrt{3}$

6. $\dfrac{\partial z}{\partial x} = -y\sin(xy) - \dfrac{y}{x^2}f'_2$, $\quad \dfrac{\partial z}{\partial y} = -x\sin(xy) + f'_1 + \dfrac{1}{x}f'_2$

7. 9

8. 4π

9. $\dfrac{2\pi}{3}(b^3 - a^3)$

10. $I = \int_0^1 dy \int_y^{\sqrt{y}} f(x,y) dx$

11. 32π

12. $12a$

13. 2π

14. 81π

15. 切平面方程:$2x + 4y - z - 3 = 0$,法线方程:$\dfrac{x-1}{2} = \dfrac{y-1}{4} = \dfrac{z-3}{-1}$

16. $\dfrac{25}{84}$

17. 略

18. $4\pi a^3$

19. -8π

20. $\dfrac{\pi}{2}$

2006 级

1. $dz = \dfrac{1}{x + \sqrt{1+y^2}}dx + \dfrac{\dfrac{y}{\sqrt{1+y^2}}}{x + \sqrt{1+y^2}}dy$

2. $\dfrac{\partial u}{\partial x} = y\cos(xy) + f'_1 - \dfrac{y}{x^2}f'_2$, $\dfrac{\partial^2 u}{\partial x \partial y} = \cos(xy) - xy\sin(xy) + \dfrac{1}{x}f''_{12} - \dfrac{1}{x^2}f'_2 - \dfrac{y}{x^3}f''_{22}$

3. $\dfrac{\partial z}{\partial x} = \dfrac{yz}{z^2 - xy}$, $\dfrac{\partial z}{\partial y} = \dfrac{xz}{z^2 - xy}$

4. $\{-6, 12, 4\}$

5. 3

6. $M(-1, 1, -1)$ 或 $M(-\dfrac{1}{3}, \dfrac{1}{9}, -\dfrac{1}{27})$

7. $x + 2y + z - 6 = 0$

8. 长、宽、高分别为 4 米、4 米、2 米

9. 2

10. $\dfrac{\pi}{2}\ln 2$

11. $\dfrac{\pi}{6}$

12. 略

13. $\dfrac{16}{3}\pi$

14. $\dfrac{4}{5}\pi$

15. π

16. 2π

17. $e^{-3}-e^3$

18. $-\dfrac{5}{4}\pi-2$

19. 36π

2007 级

1. 0

2. $\dfrac{\partial z}{\partial x}=\dfrac{z}{x+z}$, $\dfrac{\partial z}{\partial y}=\dfrac{z^2}{y(x+z)}$

3. $\dfrac{\partial z}{\partial x}=2f'+2yg'_1$, $\dfrac{\partial^2 z}{\partial x\partial y}=2g'_1-2yg''_{11}+2y\cos y g''_{12}$

4. $4\sqrt{3}$

5. 切线方程：$\dfrac{x-2}{2}=\dfrac{y-1}{2}=\dfrac{z-1}{3}$，法平面方程：$2x+2y+3z-9=0$

6. $2x+4y-z=5$

7. 长方体的长、宽、高分别为 $\dfrac{2a}{\sqrt{3}},\dfrac{2a}{\sqrt{3}},\dfrac{a}{\sqrt{3}}$

8. 4

9. $I=\displaystyle\int_0^1 dy\int_{e^y}^{e}f(x,y)dx$

10. 6π

11. $\dfrac{26}{105}$

12. 288π

13. $\dfrac{128}{5}\pi$

14. 0

15. $\dfrac{16}{3}\pi$

16. $4\sqrt{2}$

17. 0

18. 9π

19. $\dfrac{\sin 2}{4} - \dfrac{7}{6}$

20. $3abc$

2008 级

1. $\dfrac{2}{5}dx - \dfrac{2}{5}dy$

2. $\dfrac{\partial z}{\partial x} = \dfrac{1}{6}, \quad \dfrac{\partial z}{\partial y} = \dfrac{1}{2}$

3. $\sqrt{6}$

4. $\dfrac{\partial z}{\partial x} = f'_1 + \dfrac{1}{y}f'_2, \quad \dfrac{\partial^2 z}{\partial x \partial y} = -\dfrac{x}{y^2}f''_{12} - \dfrac{1}{y^2}f'_2 - \dfrac{x}{y^3}f''_{22}$

5. 点$(-3,-1,3)$,法线方程：$\dfrac{x+3}{1} = \dfrac{y+1}{3} = \dfrac{z-3}{1}$

6. $\left\{\dfrac{-2x}{(x^2+y^2)^2}, \dfrac{-2y}{(x^2+y^2)^2}\right\}$

7. $\left(\dfrac{8}{5}, \dfrac{16}{5}\right)$

8. $I = \int_{-1}^{1}dx\int_{0}^{\sqrt{1-x^2}}f(x,y)dy$

9. $\dfrac{45}{2}\pi$

10. π

11. $I = \int_{0}^{\frac{1}{4}}dx\int_{4x^2}^{x}f(x,y)dy = \int_{0}^{\frac{1}{4}}dy\int_{y}^{\frac{\sqrt{y}}{2}}f(x,y)dx = \int_{0}^{\frac{\pi}{4}}d\theta\int_{0}^{\frac{1}{4}\tan\theta\sec\theta}f(r\cos\theta, r\sin\theta)rdr$

12. $\dfrac{1}{2}\left(1 - \dfrac{1}{e}\right)$

13. $\dfrac{7}{12}\pi$

14. $\dfrac{4}{7}\pi$

15. $\dfrac{4}{3}\pi abc$

16. $2\pi a^{2n+1}$

17. 18

18. $\pi a^2 - 2a - \dfrac{1}{2}\ln(1+4a^2)$

2009 级

1. $-\dfrac{2x}{(x^2+y^2)^2}dx - \dfrac{2y}{(x^2+y^2)^2}dy$

2. $\dfrac{\partial z}{\partial x} = \dfrac{y}{x^2+y^2}, \quad \dfrac{\partial z}{\partial y} = \dfrac{-x}{x^2+y^2}$

3. $\dfrac{\partial z}{\partial x} = yx^{y-1}f'_1 + 2xyf'_2$, $\dfrac{\partial z}{\partial y} = x^y \ln x f'_1 + x^2 f'_2$

4. $\dfrac{\partial z}{\partial x} = \dfrac{yz}{z^3 - xy}, \dfrac{\partial z}{\partial y} = \dfrac{xz}{z^3 - xy}$

5. 边长为 $\dfrac{a}{\sqrt{2}}$ 的等腰直角三角形

6. $I = \displaystyle\int_0^2 dx \int_{\frac{x}{2}}^{\sqrt{x}} f(x,y) dy$

7. 0

8. 15

9. $\pi(e^4 - 1)$

10. $\dfrac{38}{3}\pi$

11. $\dfrac{3}{32}\pi a^4$

12. $\dfrac{81}{2}\pi$

13. $\dfrac{32}{3}\pi$

14. $4\sqrt{2}$

15. 16π

16. 12

17. 36π

18. 3

19. 2

2010 级

1. $\dfrac{\partial z}{\partial x} = yx^{y-1}$, $\dfrac{\partial z}{\partial y} = x^y \ln x$

2. $\dfrac{\partial z}{\partial x} = ye^x f'_1 + f'_2$, $\dfrac{\partial z}{\partial y} = e^x f'_1 + f'_2$

3. $dz = -\dfrac{y}{x^2} e^{\frac{y}{x}} dx + \dfrac{1}{x} e^{\frac{y}{x}} dy$

4. $\dfrac{\partial z}{\partial x} = \dfrac{yz}{e^z - xy}$, $\dfrac{\partial z}{\partial y} = \dfrac{x}{e^z - xy}$

5. 切平面方程：$\dfrac{x-1}{1} = \dfrac{y-1}{2} = \dfrac{z-1}{3}$，法平面方程：$x + 2y + 3z = 6$

6. $\dfrac{\sqrt{6}}{36} a^3$

7. 切平面方程：$4x + 2y - z = 6$，法线方程：$\dfrac{x-2}{4} = \dfrac{y-1}{2} = \dfrac{z-4}{-1}$

8. $I = \displaystyle\int_{-1}^1 dx \int_0^{\sqrt{1-x^2}} f(x,y) dy$

9. $\dfrac{9}{4}$

10. $\dfrac{3}{2}\pi$

11. $I = \int_0^1 dx \int_{x^2}^x f(x,y)dy = \int_0^1 dy \int_y^{\sqrt{y}} f(x,y)dx = \int_0^{\frac{\pi}{4}} d\theta \int_0^{\tan\theta\sec\theta} f(r\cos\theta, r\sin\theta)rdr$

12. 120π

13. $\dfrac{1}{24}$

14. 6π

15. 2π

16. $\dfrac{1}{30}$

17. π

18. $4\pi a^2$

19. $\dfrac{2}{3}\pi R^3$

2011 级

1. $\dfrac{\partial z}{\partial x} = y\cos(xy)$, $\dfrac{\partial z}{\partial y} = x\cos(xy)$

2. $\dfrac{\partial z}{\partial x} = \dfrac{1}{y}f_1' + yf_2'$, $\dfrac{\partial z}{\partial y} = -\dfrac{x}{y^2}f_1' + xf_2'$

3. $\dfrac{\partial z}{\partial x} = \dfrac{y}{e^z + 1}$, $\dfrac{\partial z}{\partial y} = \dfrac{x}{e^z + 1}$

4. 切线方程: $\dfrac{x-1}{1} = \dfrac{y-1}{2} = \dfrac{z-1}{3}$, 法平面方程: $x + 2y + 3z = 6$

5. $\dfrac{2x}{x^2+y^2}dx + \dfrac{2y}{x^2+y^2}dy$

6. 切平面方程: $x + 2y + 3z = 14$, 法线方程: $\dfrac{x-1}{1} = \dfrac{y-2}{2} = \dfrac{z-3}{3}$

7. 两直角边均为 1 的等腰直角三角形

8. 8π

9. $\dfrac{26}{3}$

10. 8π

11. $I = \int_{-1}^1 dx \int_{-\sqrt{1-x^2}}^{\sqrt{1-x^2}} f(x,y)dy = \int_{-1}^1 dy \int_{-\sqrt{1-y^2}}^{\sqrt{1-y^2}} f(x,y)dx = \int_0^{2\pi} d\theta \int_0^1 f(r\cos\theta, r\sin\theta)rdr$

12. 8π

13. $I = \int_0^1 dx \int_{x^2}^x f(x,y)dy$

14. 6π

15. $\dfrac{81}{2}\pi$

16. $8\sqrt{2}$

17. $\dfrac{3}{2}$

18. 8π

19. $\oiint\limits_{\Sigma} \mathrm{d}s = 36\pi, \oiint\limits_{\Sigma}(x^2+y^2+z^2)\mathrm{d}s = 324\pi$

20. 12π

2012 级

1. $\dfrac{\partial z}{\partial x} = \mathrm{e}^x \sin y, \quad \dfrac{\partial z}{\partial y} = \mathrm{e}^x \cos y$

2. $\mathrm{d}z = \dfrac{1}{y}\mathrm{d}x - \dfrac{x}{y^2}\mathrm{d}y$

3. $\dfrac{\partial z}{\partial x} = 2xf'_1 + yf'_2, \quad \dfrac{\partial z}{\partial y} = 2yf'_1 + xf'_2$

4. $\dfrac{\partial z}{\partial x} = \dfrac{-yz}{z^2+xy}, \quad \dfrac{\partial z}{\partial y} = \dfrac{-xz}{z^2+xy}$

5. 切线方程:$\dfrac{x-2}{1} = \dfrac{y-4}{4} = \dfrac{z-8}{12}$,法平面方程:$x+4y+12z = 114$

6. 切平面方程:$x+y+2z = 2$,法线方程:$\dfrac{x-1}{1} = \dfrac{y-1}{1} = \dfrac{z}{2}$

7. 极大值 $f(2,-2) = 8$

8. $I = \int_0^1 \mathrm{d}y \int_y^{\sqrt{y}} f(x,y)\mathrm{d}x$

9. $\dfrac{14}{3}$

10. $\pi(\mathrm{e}^9 - 1)$

11. $\int_0^{2\pi} \mathrm{d}\theta \int_2^3 f(r\cos\theta, r\sin\theta) r \mathrm{d}r$

12. π

13. $\dfrac{64}{3}\pi$

14. 3

15. 64π

16. $4\sqrt{2}$

17. 12

18. $3abc$

19. $(1) b-a; (2) 9\pi; (3) 36\pi; (4) 6\pi; (5) 36\pi$

2013 级

1. $D: 4 \leqslant x^2 + y^2 \leqslant 9$

2. $\dfrac{\partial z}{\partial x} = \mathrm{e}^y \cos x, \quad \dfrac{\partial z}{\partial y} = \mathrm{e}^y \sin x$

3. $\dfrac{\partial z}{\partial x}=2xf'_1+yf'_2$, $\dfrac{\partial z}{\partial y}=-2yf'_1+xf'_2$

4. $\dfrac{\partial z}{\partial x}=\dfrac{-y}{x^2+y^2}$, $\dfrac{\partial z}{\partial y}=\dfrac{x}{x^2+y^2}$, $dz=\dfrac{-y}{x^2+y^2}dx+\dfrac{x}{x^2+y^2}dy$

5. $\dfrac{\partial z}{\partial x}=-\dfrac{yz}{e^z+xy}$, $\dfrac{\partial z}{\partial y}=-\dfrac{xz}{e^z+xy}$

6. 切线方程：$\dfrac{x-1}{-1}=\dfrac{y-2}{2}=\dfrac{z-1}{2}$，法平面方程：$x-2y-2z+5=0$

7. 切平面方程：$2x+4y-z=6$，法线方程：$\dfrac{x-1}{2}=\dfrac{y-2}{4}=\dfrac{z-4}{-1}$

8. 当 $x=y=3$ 时，u 的极小值为 27

9. $I=\displaystyle\int_0^1 dy\int_y^1 f(x,y)dx$

10. $\dfrac{1}{2}(e-1)$

11. $\dfrac{4}{3}$

12. $\pi(e^{16}-e^9)$

13. 4π

14. $\displaystyle\iiint_\Omega f(x,y,z)dv=\int_{-1}^1 dx\int_{x^2}^1 dy\int_0^{x^2+y^2} f(x,y,z)dz=\int_0^1 dy\int_{-\sqrt{y}}^{\sqrt{y}} dx\int_0^{x^2+y^2} f(x,y,z)dz$

15. $\dfrac{1}{3}$

16. 54π

17. 9π

18. 256π

19. (1) 8；(2) 8π；(3) 2；(4) 36π；(5) 48

2014 级

1. $\dfrac{\partial z}{\partial x}=-y^2\sin x$, $\dfrac{\partial z}{\partial y}=2y\cos x$

2. $\dfrac{\partial z}{\partial x}=y^2 f'_1+2xf'_2$, $\dfrac{\partial z}{\partial y}=2xyf'_1+f'_2$

3. $dz=\dfrac{1}{y}e^{\frac{x}{y}}dx-\dfrac{x}{y^2}e^{\frac{x}{y}}dy$

4. $\dfrac{\partial z}{\partial x}=\dfrac{\cos(x+y-z)}{1+\cos(x+y-z)}$, $\dfrac{\partial z}{\partial y}=\dfrac{\cos(x+y-z)-1}{1+\cos(x+y-z)}$

5. 切线方程：$\dfrac{x-1}{3}=\dfrac{y-1}{2}=\dfrac{z-2}{2}$，法平面方程：$3x+2y+2z-9=0$

6. 切平面方程：$y+z=3$，法线方程：$\dfrac{x}{0}=\dfrac{y-1}{1}=\dfrac{z-2}{1}$

7. 极小值 $f(1,1)=-1$

8. $I=\displaystyle\int_0^1 dy\int_{-\sqrt{1-y^2}}^{\sqrt{1-y^2}} f(x,y)dx$

9. $I = \int_0^{\frac{\pi}{2}} d\theta \int_1^2 f(r\cos\theta, r\sin\theta) r dr$

10. $\dfrac{1}{2}\sin 1$

11. $\dfrac{2}{3}\pi$

12. $I = \int_0^1 dx \int_{-\sqrt{x}}^{\sqrt{x}} dy \int_0^1 f(x,y,z) dz = \int_{-1}^1 dy \int_{y^2}^1 dx \int_0^1 f(x,y,z) dz$

13. $\dfrac{1}{3}$

14. $\dfrac{4}{15}\pi$

15. $16\sqrt{2}$

16. $\dfrac{1}{12}(5\sqrt{5}-1)$

17. $-\pi$

18. $\dfrac{1}{12}$

19. $\dfrac{\sqrt{3}}{2}$

20. $\dfrac{\pi}{3}$

2015 级

1. $\dfrac{\partial z}{\partial x} = y + 3^x \ln 3$, $\quad \dfrac{\partial z}{\partial y} = x + 3y^2$

2. $dz = \dfrac{y}{x^2+y^2} dx - \dfrac{x}{x^2+y^2} dy$

3. $\dfrac{\partial z}{\partial x} = -\dfrac{y}{x^2} f'_1 + e^x y f'_2$, $\quad \dfrac{\partial z}{\partial y} = -\dfrac{1}{x} f'_1 + e^x f'_2$

4. $\dfrac{\partial z}{\partial x} = -\dfrac{yz}{z^2+xy}$, $\quad \dfrac{\partial z}{\partial y} = -\dfrac{xz}{z^2+xy}$

5. 切线方程：$\dfrac{x-1}{2} = \dfrac{y-1}{-1} = \dfrac{z-3}{3}$, 法平面方程：$2x - y + 3z = 10$

6. 两直角边均为 $2\sqrt{2}$ 的等腰直角三角形

7. $I = \int_{-2}^2 dy \int_0^{\sqrt{4-y^2}} f(x,y) dx$

8. 9π

9. $\dfrac{\pi}{2}\ln 5$

10. $\dfrac{e-1}{4}$

11. $I = \int_{-1}^1 dx \int_{2x^2}^2 dy \int_0^{x^2+y^2} f(x,y,z) dz = \int_0^2 dy \int_{-\sqrt{\frac{y}{2}}}^{\sqrt{\frac{y}{2}}} dx \int_0^{x^2+y^2} f(x,y,z) dz$

12. 4

13. $4\pi^2$

14. $36\sqrt{2}$

15. $\dfrac{32}{3}\pi$

16. $\dfrac{16}{3}$

17. 128π

18. 108π

19. $12\pi abc$

2016 级

1. $\dfrac{\partial z}{\partial x}=\dfrac{2+y}{x^2+(2+y)^2}$, $\dfrac{\partial z}{\partial y}=\dfrac{-x}{x^2+(2+y)^2}$

2. $\mathrm{d}z=\dfrac{\mathrm{d}x}{x+\sqrt{1+y^2}}+\dfrac{y\mathrm{d}y}{x\sqrt{1+y^2}+1+y^2}$

3. $\dfrac{\partial z}{\partial x}=y^x\ln y f'_1+y f'_2$, $\dfrac{\partial z}{\partial y}=xy^{x-1}f'_1+xf'_2$

4. $\dfrac{\partial z}{\partial x}=-\dfrac{z\mathrm{e}^z}{xz\mathrm{e}^z+1}$, $\dfrac{\partial z}{\partial y}=\dfrac{z}{xyz\mathrm{e}^z+y}$

5. 切线方程:$\dfrac{x-\mathrm{e}}{\mathrm{e}}=\dfrac{y-1}{2}=\dfrac{z-1}{-1}$,法平面方程:$\mathrm{e}x+2y-z-\mathrm{e}^2-1=0$

6. $\dfrac{9}{2}$

7. $I=\int_0^1\mathrm{d}y\int_y^{\sqrt{y}}f(x,y)\mathrm{d}x$

8. 2π

9. $\dfrac{\pi}{2}(\mathrm{e}^8-1)$

10. $\dfrac{25}{84}$

11. $\dfrac{1}{2}(1-\cos 1)$

12. $I=\int_0^1\mathrm{d}x\int_0^{\sqrt{x}}\mathrm{d}y\int_0^{x+y}f(x,y,z)\mathrm{d}z=\int_0^1\mathrm{d}y\int_{y^2}^1\mathrm{d}x\int_0^{x+y}f(x,y,z)\mathrm{d}z$

13. $\dfrac{40}{3}\pi$

14. $\dfrac{1}{64}$

15. $\dfrac{\sqrt{2}}{2}$

16. 1

17. $\dfrac{1}{3}$

18. 108π

19. $\dfrac{\pi}{2}$

2017 级

1. $\mathrm{d}z = 2xy\cos(x^2 y)\mathrm{d}x + [x^2\cos(x^2 y) + 2y]\mathrm{d}y$

2. $\dfrac{\partial z}{\partial x} = y^x \ln y, \dfrac{\partial z}{\partial y} = xy^{x-1}$

3. $\dfrac{\partial z}{\partial x} = \ln y f_1' + 2x f_2'$, $\dfrac{\partial z}{\partial y} = \dfrac{x}{y} f_1' - 2y f_2'$

4. $\dfrac{\partial z}{\partial x} = \dfrac{z(x-z)}{x(x+z)}$, $\dfrac{\partial z}{\partial y} = \dfrac{-z^2}{y(x+z)}$

5. 切线方程:$\dfrac{x-2}{2} = \dfrac{y}{1} = \dfrac{z-1}{2}$,法平面方程:$2x + y + 2z = 6$

6. 切平面方程:$x - z = 0$,法线方程:$\dfrac{x-1}{1} = \dfrac{y}{0} = \dfrac{z-1}{-1}$

7. 极小值 $f(0,-1) = -1$

8. 当 $x = y = z = 3$ 时,极小值为 27

9. $I = \int_0^1 \mathrm{d}y \int_{-\sqrt{y}}^{\sqrt{y}} f(x,y)\mathrm{d}x$

10. $\dfrac{45}{8}$

11. $(4 - 2\sqrt{3})\pi$

12. 6π

13. $\dfrac{1}{3}(e-1)$

14. $\dfrac{1}{24}$

15. $\dfrac{3}{2}\pi$

16. $\dfrac{28}{3}\pi$

17. $a = b = 2$

19. 0

20. $\dfrac{\pi}{8}$

四、高等数学下册期末试题答案

2005 级

1. $\dfrac{\partial z}{\partial x} = 3x^2 \arctan e^{2y}$, $\dfrac{\partial z}{\partial y} = \dfrac{2x^3 e^{2y}}{1 + e^{4y}}$

2. $\dfrac{\partial z}{\partial x} = y\cos(xy) + f'_1 + \dfrac{1}{y}f'_2$, $\dfrac{\partial^2 z}{\partial x \partial y} = \cos(xy) - xy\sin(xy) - \dfrac{x}{y^2}f''_{12} - \dfrac{1}{y^2}f'_2 - \dfrac{x}{y^3}f''_{22}$

3. $\left(\dfrac{1}{2}, \dfrac{1}{2}, \sqrt{2}\right)$

4. $y^2 + 1 = c(x^2 - 1)$

5. $\pi(\sqrt{2} - 1)$

6. $\dfrac{\pi}{6}a^2$

7. 32π

8. $\dfrac{\pi mab}{2}$

9. $y = \dfrac{e^x}{5}(\cos x - 2\sin x) + \left(x + \dfrac{4}{5}\right)e^{-x}$

10. 收敛

11. 收敛半径 $R = \dfrac{1}{\sqrt{2}}$,收敛区间 $\left[-\dfrac{1}{\sqrt{2}}, \dfrac{1}{\sqrt{2}}\right]$

12. $y = (x+1)^3(e^x + c)$

13. 0

2006 级

1. $dz = \dfrac{1}{x+y^2}dx + \dfrac{2y}{x+y^2}dy$

2. $\dfrac{\partial z}{\partial x} = \dfrac{y-z}{e^z + x}$, $\dfrac{\partial z}{\partial y} = \dfrac{x}{e^z + x}$

3. $a = 2$

4. $I = \displaystyle\int_0^1 dx \int_{x^2}^{x} f(x,y) dy$

5. $\dfrac{4}{3}$

6. 9π

7. $\dfrac{256}{3}\pi$

8. $15a$

9. $\dfrac{9}{2}\pi$

10. 0

11. 收敛,且为绝对收敛.

12. $\dfrac{16}{21}$

13. 收敛半径 $R = 1$,收敛区间 $[-1, 1)$,和函数 $s(x) = -\ln(1-x), x \in [-1, 1)$

14. $f(x) = \displaystyle\sum_{n=0}^{\infty}\left[\dfrac{1}{6^{n+1}} - \dfrac{1}{7^{n+1}}\right](x+8)^n, x \in (-14, -2)$

15. $f(x) = \sum_{n=1}^{\infty} \dfrac{n}{2^{n+1}} x^{n-1}, x \in (-2,2)$

16. $e^y = \dfrac{1}{2}(e^{2x} + 1)$

17. $y = e^{3x}(c_1 \cos 2x + c_2 \sin 2x)$

18. $y = x(e^x + c)$

19. $y = c_1 e^x + c_2 e^{2x} - 2x e^x$

2007 级

1. $dy = y e^{xy} dx + x e^{xy} dy$

2. $\dfrac{\partial z}{\partial x} = -\dfrac{2x}{y+1}, \quad \dfrac{\partial z}{\partial y} = -\dfrac{z}{y+1}$

3. $\dfrac{\partial z}{\partial x} = f'_1 - f'_2, \dfrac{\partial^2 z}{\partial x \partial y} = -f''_{11} + (1+2y)f''_{12} - 2y f''_{22}$

4. $-6\pi^2$

5. 9π

6. $\dfrac{\pi}{6} a^2$

7. 54π

8. 2π

9. $2abc$

10. $\dfrac{13}{5}$

11. $f(x) = \sum_{n=0}^{\infty} \dfrac{x^{n+3}}{2^n n!}, x \in (-\infty, +\infty)$

12. 收敛,且为绝对收敛.

13. 收敛半径 $R = 6$,收敛区间为$[-6, 6)$

14. 4

15. $f(x) = \sum_{n=1}^{\infty} n x^{n-1}, x \in (-1,1)$

16. $y = e^{-x}(c_1 \cos 2x + c_2 \sin 2x)$

17. $y = c_1 e^{-x} + c_2 e^{3x} - \dfrac{1}{4} e^x$

18. $\arcsin y = \arcsin x + c$

19. $y = 2(e^x - x - 1)$

2008 级

1. $du = (1 + \ln x) dx + (1 + \ln y) dy + (1 + \ln z) dz$

2. $\dfrac{\partial z}{\partial x} = -\dfrac{y}{x^2} f'_1 + y x^{y-1} f'_2, \quad \dfrac{\partial z}{\partial y} = \dfrac{1}{x} f'_1 + x^y \ln x f'_2$

3. $\dfrac{\partial z}{\partial x} = \dfrac{yz}{e^z - xy}, \quad \dfrac{\partial z}{\partial y} = \dfrac{xz}{e^z - xy}$

4. 30

5. $\dfrac{1-\cos 1}{3}$

6. $\dfrac{5}{4}$

7. $6\pi\ln 10$

8. $\dfrac{\pi}{6}$

9. 48π

10. 收敛半径 $R=3$,收敛区间为 $(-3,3)$

11. $f(x)=\sum\limits_{n=1}^{\infty}(-1)^{n+1}nx^{n-1},x\in(-1,1)$

12. $f(x)=\sum\limits_{n=0}^{\infty}\dfrac{(-1)^{n}}{8^{n+1}}(n-7)^{n},x\in(-1,15)$

13. 收敛,且为绝对收敛

14. $\arctan y=\arcsin x+c$

15. $y=\mathrm{e}^{-\sin x}(x+c)$

16. $\dfrac{\pi}{2}-\dfrac{4}{3}$

17. $y=\dfrac{x^{3}}{6}+\dfrac{x}{2}+1$

18. $y=\mathrm{e}^{2x}(c_{1}\cos x+c_{2}\sin x)$

19. $y=c_{1}\mathrm{e}^{2x}+c_{2}\mathrm{e}^{3x}+\dfrac{1}{2}\mathrm{e}^{x}$

2009 级

1. $\mathrm{d}z=\dfrac{x}{x^{2}+y^{2}}\mathrm{d}x+\dfrac{y}{x^{2}+y^{2}}\mathrm{d}y$

2. $\dfrac{\partial z}{\partial x}=-\dfrac{y}{x^{2}}f'_{1}+\dfrac{1}{y}f'_{2},\quad \dfrac{\partial z}{\partial y}=\dfrac{1}{x}f'_{1}-\dfrac{x}{y^{2}}f'_{2}$

3. $\dfrac{\partial z}{\partial x}=\dfrac{2xy}{\mathrm{e}^{z}+2z},\quad \dfrac{\partial z}{\partial y}=\dfrac{x^{2}}{\mathrm{e}^{z}+2z}$

4. $2x+4y-z=4$

5. $\dfrac{45}{8}$

6. $-6\pi^{2}$

7. $\dfrac{81}{2}\pi$

8. $\dfrac{\pi a^{3}}{9}$

9. $\dfrac{13}{6}$

10. 3

11. 3

12. 收敛

13. 收敛半径 $R=8$,收敛区间为 $[-8,8)$

14. $s(x)=-\ln(1-x)$

15. $f(x)=\sum\limits_{n=1}^{\infty}\dfrac{nx^{n-1}}{2^{n+1}}, x\in(-2,2)$

16. $a_6=\dfrac{1}{\pi}\int_{-\pi}^{\pi}x\cos 6x\mathrm{d}x=0$, $b_6=\dfrac{1}{\pi}\int_{-\pi}^{\pi}x\sin 6x\mathrm{d}x=-\dfrac{1}{3}$

17. $\mathrm{e}^y=\mathrm{e}^x+c$

18. $y=2\mathrm{e}^x-2x-2$

19. $y=c_1\mathrm{e}^{2x}+c_2\mathrm{e}^{3x}+\dfrac{1}{2}\mathrm{e}^x$

2010 级

1. $\mathrm{d}z=\dfrac{2x}{x^2+y^2}\mathrm{d}x+\dfrac{2y}{x^2+y^2}\mathrm{d}y$

2. $\dfrac{\partial z}{\partial x}=f_1'+2xf_2'$, $\dfrac{\partial z}{\partial y}=f_1'-f_2'$

3. $\dfrac{\partial z}{\partial x}=\dfrac{yz}{z^2-xy}$, $\dfrac{\partial z}{\partial y}=\dfrac{xz}{z^2-xy}$

4. 切平面方程:$x+2y+3z=14$,法线方程:$\dfrac{x-1}{1}=\dfrac{y-2}{2}=\dfrac{z-3}{3}$

5. $I=\int_0^1\mathrm{d}y\int_y^{\sqrt{y}}f(x,y)\mathrm{d}x$

6. 8π

7. $\pi(\sqrt{2}-1)$

8. $\dfrac{26}{105}$

9. 8π

10. 32π

11. $f(x)=\sum\limits_{n=0}^{\infty}\dfrac{(-1)^n}{6^{n+1}}(x-6)^n, x\in(0,12)$

12. $\dfrac{5}{2}$

13. 发散

14. 收敛半径 $R=4$,收敛区间为 $(-4,4)$

15. $a_{10}=\dfrac{1}{\pi}\int_{-\pi}^{\pi}x\cos 10x\mathrm{d}x=0$, $b_{10}=\dfrac{1}{\pi}\int_{-\pi}^{\pi}x\sin 10x\mathrm{d}x=-\dfrac{1}{5}$

16. $y=x^2+1$

17. $y=\dfrac{x^3}{6}+c_1x+c_2$

18. $\arctan y=\arctan x+c$

19. $y = 2 + ce^{-x^2}$

20. $y = c_1 e^x + c_2 e^{2x} + e^{-x}$

2011 级

1. $dz = 2xye^{x^2 y}dx + x^2 e^{x^2 y}dy$

2. $\dfrac{\partial z}{\partial x} = yx^{y-1}f_1' + \dfrac{1}{y}f_2'$, $\quad \dfrac{\partial z}{\partial y} = x^y \ln x - \dfrac{x}{y^2}f_2'$

3. $\dfrac{\partial z}{\partial x} = -\dfrac{2x}{2z+3}$, $\quad \dfrac{\partial z}{\partial y} = -\dfrac{2y}{2z+3}$

4. 切平面方程：$x + 2y + 3z = 6$，法线方程：$\dfrac{x-1}{1} = \dfrac{y-1}{2} = \dfrac{z-1}{3}$

5. $I = \int_{-1}^{1} dx \int_{0}^{\sqrt{1-x^2}} f(x,y)dy$

6. $\dfrac{7}{20}$

7. 9π

8. $2\pi(\sqrt{2}-1)$

9. 16

10. 128π

11. 收敛

12. 收敛，且为绝对收敛

13. 收敛半径 $R = 8$，收敛区间为 $[-8, 8)$

14. $\dfrac{43}{28}$

15. $f(x) = \sum\limits_{n=0}^{\infty} \dfrac{x^{n+8}}{3^n n!}, x \in (-\infty, +\infty)$

16. $b_{100} = -\dfrac{1}{\pi} \int_{-\pi}^{\pi} x\sin 100x dx = -\dfrac{1}{50}$

17. $y = e^x + c_1 x + c_2$

18. $y = 3x^2 + 1$

19. $y = 1 + ce^{-x^2}$

20. $y = c_1 e^{2x} + c_2 e^{4x} + 6e^x$

2012 级

1. $du = (1 + \ln x)dx + (1 + \ln y)dy + \dfrac{2}{z}dz$

2. $\dfrac{\partial z}{\partial x} = e^y f_1' + \dfrac{1}{y}f_2'$, $\quad \dfrac{\partial z}{\partial y} = xe^y f_1' - \dfrac{x}{y^2}f_2'$

3. 法线方程：$\dfrac{x-1}{3} = \dfrac{y-1}{1} = \dfrac{z-1}{1}$，切平面方程：$3x + y + z = 5$

4. $I = \int_{0}^{1} dy \int_{-\sqrt{1-y^2}}^{\sqrt{1-y^2}} f(x,y)dx$

5. $\pi\ln 5$

6. $\dfrac{1}{2}(1-e^{-4})$

7. 81π

8. 256π

9. 2π

10. $4\pi a^3$

11. 发散

12. 收敛,且为绝对收敛

13. $f(x)=\sum\limits_{n=0}^{\infty}(-1)^n\left(1-\dfrac{1}{2^{n+1}}\right)x^n, x\in(-1,1)$

14. $\dfrac{5}{2}$

15. 收敛半径 $R=7$,收敛区间为$[-7,7)$

16. $\arcsin y=\arctan x+c$

17. $y=8-6e^{-x}$

18. $y=-\cos x+c_1 x+c_2$

19. $y=c_1 e^x+c_2 e^{-2x}$

20. $y=c_1\cos x+c_2\sin x+e^x$

2013 级

1. $\dfrac{\partial z}{\partial x}=yx^{y-1},\quad \dfrac{\partial z}{\partial y}=x^y\ln x$

2. $\dfrac{\partial z}{\partial x}=\dfrac{1}{y}f'_1+yf'_2,\quad \dfrac{\partial z}{\partial y}=-\dfrac{x}{y^2}f'_1+xf'_2$

3. 切平面方程:$x+2y-z=4$,法线方程:$\dfrac{x-2}{1}=\dfrac{y-1}{2}=\dfrac{z}{-1}$

4. $\dfrac{7}{20}$

5. $\dfrac{1-\cos 1}{4}$

6. $\dfrac{3}{4}\pi$

7. $\pi\left(\ln 2-2+\dfrac{\pi}{2}\right)$

8. $\dfrac{81}{2}\pi$

9. 120π

10. 收敛

11. $f(x)=\sum\limits_{n=0}^{\infty}\dfrac{(-1)^n}{10^{n+1}}(x-8)^n, x\in(-2,18)$

12. 收敛,且为绝对收敛

13. $f(x) = 1 - \dfrac{\pi^2}{3} + \sum\limits_{n=1}^{\infty} \dfrac{4(-1)^{n+1}}{n^2}\cos nx \quad (0 \leqslant x \leqslant \pi)$

14. 收敛半径 $R = 6$,收敛区间为 $(-6, 6)$

15. $\dfrac{25}{12}$

16. $y = e^{-x^2}(x^2 + c)$

17. $y = -\dfrac{1}{x^2 + c}$

18. $y = \dfrac{x^3}{6} + 3x + 2$

19. $y = e^{2x}(c_1 \cos x + c_2 \sin x)$

20. $y = c_1 e^{3x} + c_2 e^{5x} + 2e^{-x}$

2014 级

1. $\dfrac{\partial z}{\partial x} = -\dfrac{y}{x^2} + y^x \ln y, \quad \dfrac{\partial z}{\partial y} = \dfrac{1}{x} + xy^{x-1}$

2. $dz = (yf'_1 + 2xf'_2)dx + (xf'_1 - 2yf'_2)dy$

3. $8x - z - 4 = 0$

4. $I = \int_{-1}^{0} dy \int_{-\sqrt{1-y^2}}^{\sqrt{1-y^2}} f(x, y)dx + \int_{0}^{1} dy \int_{-\sqrt{1-y}}^{\sqrt{1-y}} f(x, y)dx$

5. $\dfrac{\sin 1}{6}$

6. $\dfrac{\pi}{4}$

7. $\dfrac{9}{2}\pi$

8. $2R^2$

9. $\dfrac{R^2 \pi}{2}$

10. $2\pi R^3$

11. 收敛

12. 收敛,且为条件收敛

13. 级数在 $x = -1$ 处发散,在 $x = 3$ 处收敛

14. $f(x) = \sum\limits_{n=1}^{\infty} (-1)^{n+1} n x^{n-1}, x \in (-1, 1)$

15. $y = c_1 x + c_2 e^x$

16. $3x^4 + 4(y+1)^3 = c$

17. $y = e^{-x}\left(\dfrac{x^2}{2} + c\right)$

18. $y = xe^{2x}$

19. $y = c_1 \cos x + c_2 \sin x + \dfrac{1}{2}e^{-x}$

20. 收敛区间$[-1,1)$,和函数 $s(x) = \begin{cases} -\dfrac{\ln|1-x|}{x}, & [-1,0) \cup (0,1) \\ s(0) = 1, & x = 0 \end{cases}$

2015 级

1. $dz = \left(\dfrac{1}{x} + e^x \sin y\right)dx + e^x \cos y\, dy$

2. $\dfrac{\partial z}{\partial x} = y^x \ln y f_1' + f_2'$, $\quad \dfrac{\partial z}{\partial y} = xy^{x-1} f_1' + f_2'$

3. $\dfrac{\partial z}{\partial x} = -\dfrac{yz}{e^z + xy}$, $\quad \dfrac{\partial z}{\partial y} = -\dfrac{xz}{e^z + xy}$

4. 切平面方程:$x - 4y + 6z = 21$,法线方程:$\dfrac{x-1}{1} = \dfrac{y+2}{-4} = \dfrac{z-2}{6}$

5. $I = \int_0^1 dy \int_0^{\sqrt{y}} f(x,y) dx$

6. $\dfrac{36}{5}$

7. $\pi(e^9 - 1)$

8. $\dfrac{16}{3}\pi$

9. 2π

10. 24

11. 180π

12. $\dfrac{53}{14}$

13. 发散

14. 收敛半径 $R = 1$,收敛区间为$[-1,1]$

15. 收敛,且为绝对收敛

16. $f(x) = \sum\limits_{n=0}^{\infty} \dfrac{(-1)^n}{6^{n+1}}(x-6)^n, x \in (0,12)$

17. $e^x = \sin y + c$

18. $y = \dfrac{1}{2}(e^{2x} + 3)$

19. $y = 1 + ce^{-x^2}$

20. $y = c_1 \cos x + c_2 \sin x + 3e^x$

2016 级

1. $\dfrac{\partial z}{\partial x} = 2xy\cos(x^2 y)$, $\quad \dfrac{\partial z}{\partial y} = x^2 \cos(x^2 y)$, $\quad dz = 2xy\cos(x^2 y)dx + x^2\cos(x^2 y)dy$

2. $\dfrac{\partial z}{\partial x} = 2xy f_1'$, $\quad \dfrac{\partial z}{\partial y} = x^2 f_1' + e^y f_2'$

3. $\dfrac{\partial z}{\partial x} = \dfrac{y^2 - ze^{xz}}{\cos z + xe^{xz}}$, $\quad \dfrac{\partial z}{\partial y} = \dfrac{2xy}{\cos z + xe^{xz}}$

4. 切平面方程:$2x+2y+z=8$,法线方程:$\dfrac{x-1}{2}=\dfrac{y-1}{2}=\dfrac{z-4}{1}$

5. $I=\int_0^1 dy\int_{e^y}^e f(x,y)dx$

6. $\dfrac{9}{4}$

7. $\dfrac{\pi}{4}$

8. 1

9. $\dfrac{1}{2}$

10. $\dfrac{15}{2}$

11. 收敛

12. 收敛且为绝对收敛

13. 收敛半径 $R=2$,收敛区间为 $[-2,2)$

14. $f(x)=\sum_{n=0}^{\infty}(-1)^n\left(1-\dfrac{1}{2^{n+1}}\right)(x-1)^n, 0<x<2$

15. $a_3=\dfrac{1}{\pi}\int_0^\pi \cos 3x\,dx=0$

16. $y=e^x-\sin x+c_1 x+c_2$

17. $\tan y=\dfrac{x^2}{2}+c$

18. $y=e^{-x}(x+\dfrac{1}{2})$

19. $y=e^{-x}(c_1\cos 2x+c_2\sin 2x)$

20. $y=c_1 e^{-x}+c_2 e^{3x}+2e^x$

2017 级

1. $\dfrac{\partial z}{\partial x}=\dfrac{1}{y}\cos\dfrac{x}{y}f_1'+2xf_2'$, $\dfrac{\partial z}{\partial y}=-\dfrac{x}{y^2}\cos\dfrac{x}{y}f_1'+2yf_2'$

2. $\dfrac{\partial z}{\partial x}=\dfrac{yz}{x(y+z)}$, $\dfrac{\partial z}{\partial y}=\dfrac{z^2}{y(y+z)}$

3. 切平面方程:$x+2y+z=4$,法线方程:$\dfrac{x-2}{1}=\dfrac{y-1}{2}=\dfrac{z}{1}$

4. $\dfrac{1}{2}\sin 1$

5. -4π

6. $\dfrac{\pi}{6}$

7. $\dfrac{1}{4}$

8. $\dfrac{13}{6}$

9. 4π

10. $4\pi a^4$

11. 2π

12. 2

13. 收敛

14. 收敛且为绝对收敛

15. 收敛半径 $R = 4$,收敛区间为 $(-4, 4)$

16. $f(x) = -\sum\limits_{n=0}^{\infty} \dfrac{(x+2)^n}{3^{n+1}}, x \in (-5, 1)$

17. $-\dfrac{1}{y} = \arctan x + c$

18. $y = e^x + 1$

19. $y = \dfrac{2}{3} x^{\frac{7}{2}} + cx^2$

20. $y = (c_1 + c_2 x) e^{-2x} + \dfrac{1}{16} e^{2x}$

第三部分　高等数学复习题及答案

一、高等数学上册复习题及答案

1. $f(x) = \lim\limits_{t \to +\infty}\left(1+\dfrac{x}{t}\right)^{2t}$，求 $f(\ln 2)$.　　　　　　　　　　　　(答案：4)

2. 求 $\lim\limits_{x \to 1}\dfrac{x^2-\sqrt{x}}{\sqrt{x}-1}$.　　　　　　　　　　　　(答案：3)

3. 求 $\lim\limits_{x \to 0}\dfrac{(e^{\sin x}-1)^4\cos x}{(1-\cos x)\sin^2 x}$.　　　　　　　　　　　　(答案：2)

4. 求 $\lim\limits_{x \to 0}\dfrac{x-\sin x}{\tan x-x}$.　　　　　　　　　　　　$\left(\text{答案：}\dfrac{1}{2}\right)$

5. 求 $\lim\limits_{x \to \infty}\dfrac{x^2-x\operatorname{arctan}x}{4x^2+3}$.　　　　　　　　　　　　$\left(\text{答案：}\dfrac{1}{4}\right)$

6. 求 $\lim\limits_{x \to +\infty}\dfrac{\ln(1+e^{2x})}{\ln(1+e^x)}$.　　　　　　　　　　　　(答案：2)

7. 求 $\lim\limits_{x \to +\infty}(\sqrt{x+\sqrt{x}}-\sqrt{x-\sqrt{x}})$.　　　　　　　　　　　　(答案：1)

8. 求 $\lim\limits_{x \to 0}\left(\dfrac{1}{\sin x}-\dfrac{1}{x}\right)$.　　　　　　　　　　　　(答案：0)

9. 求 $\lim\limits_{x \to +\infty} x\left(\dfrac{\pi}{2}-\arctan x\right)$.　　　　　　　　　　　　(答案：1)

10. 求 $\lim\limits_{x \to 1}\ln(2-x)\tan\left(\dfrac{\pi}{2}x\right)$.　　　　　　　　　　　　$\left(\text{答案：}\dfrac{2}{\pi}\right)$

11. 求 $\lim\limits_{x \to 0}\dfrac{e^{x^2}-1}{x\ln(1+x)}$.　　　　　　　　　　　　(答案：1)

12. 求 $\lim\limits_{x \to 0}(1+x^2)^{\cot^2 x}$.　　　　　　　　　　　　(答案：e)

13. 求 $\lim\limits_{x \to 0}\left(\dfrac{\sin x}{x}\right)^{\frac{1}{x}}$.　　　　　　　　　　　　(答案：1)

14. 求 $\lim\limits_{x \to +\infty}(\ln x)^{\frac{1}{x-1}}$.　　　　　　　　　　　　(答案：1)

15. 求 $\lim\limits_{x \to +\infty}\dfrac{\sqrt{x^3}\sin\dfrac{1}{x}}{\sqrt{x}-1}$.　　　　　　　　　　　　(答案：1)

16. 求 $\lim\limits_{x \to 0}\left(\dfrac{1}{\sin x}-\dfrac{1}{x}\right)\cot x$.　　　　　　　　　　　　$\left(\text{答案：}\dfrac{1}{6}\right)$

17. 求 $\lim\limits_{n\to\infty}\left(1+\dfrac{1}{1+2}+\dfrac{1}{1+2+3}+\cdots+\dfrac{1}{1+2+\cdots+n}\right)$. （答案：2）

18. 设 $\lim\limits_{x\to 1}\dfrac{x^2+bx+c}{x^2-1}=3$, 求常数 b,c. （答案：$b=4, c=-5$）

19. $\lim\limits_{x\to\infty}\left(\dfrac{x+a}{x-a}\right)^x=9$, 求常数 a. （答案：$a=\ln 3$）

20. $f(x)=\begin{cases}2x+1, & x<1\\ e^{2ax}-e^{ax}+1, & x\geqslant 1\end{cases}$ 在点 $x=1$ 处连接, 求常数 a. （答案：$a=\ln 2$）

21. 求 $f(x)=\dfrac{x^2-2x}{|x|(x^2-4)}$ 的间断点, 并判断其类型.

（答案：$x=0$ 是 $f(x)$ 的第一类间断点, 且为跳跃间断点.
$x=2$ 是 $f(x)$ 的第一类间断点, 且为可去间断点.
$x=-2$ 是 $f(x)$ 的第二类间断点, 且为无穷间断点.）

22. $f(x)$ 在 $x=0$ 处可导, 且 $f'(0)=\dfrac{1}{3}$, 又对任意 x, 有 $f(3+x)=3f(x)$, 求 $f'(3)$.

（答案：1）

23. $f(x)=(2^x-1)\varphi(x)$, 其中 $\varphi(x)$ 在 $x=0$ 处连接, 求 $f'(0)$. （答案：$\varphi(0)\ln 2$）

24. $f(x)=\dfrac{(x-1)(x-2)\cdots(x-99)}{(x+1)(x+2)\cdots(x+99)}$, 求 $f'(1)$. $\left(\text{答案：}\dfrac{1}{9\,900}\right)$

25. $f(x)=\begin{cases}x^2\sin\dfrac{1}{x}+\sin 2x, & x\neq 0\\ 0, & x=0\end{cases}$, 求 $f'(0)$. （答案：2）

26. $y=\dfrac{x}{2}\sqrt{x^2+a^2}+\dfrac{a^2}{2}\ln(x+\sqrt{x^2+a^2})$, 求 y'. （答案：$\sqrt{x^2+a^2}$）

27. $y=\dfrac{x}{\sqrt{4-x^2}}-\arcsin\dfrac{x}{2}$, 求 y'. $\left(\text{答案：}\dfrac{x^2}{(4-x^2)^{3/2}}\right)$

28. $y=\dfrac{x^3}{3}\arctan\dfrac{x}{a}-\dfrac{a^3}{6}\ln(a^2+x^2)$, 求 y'. $\left(\text{答案：}x^2\arctan\dfrac{x}{a}+\dfrac{ax(x^2-a^2)}{3(a^2+x^2)}\right)$

29. $y=x^2\arccos\sqrt{1-x^2}$, 求 y'. $\left(\text{答案：}2x\arccos\sqrt{1-x^2}+\dfrac{x^3}{|x|\sqrt{1-x^2}}\right)$

30. $y=e^{ax}(b\sin bx+a\cos bx)$. （答案：$e^{ax}(a^2+b^2)\cos bx$）

31. $y=\dfrac{\sin x+\cot x}{\tan x+\csc x}$, 求 y'. （答案：$-\sin x$）

32. $y=2^{\sin^2\frac{1}{x}}+\ln 2$, 求 y'. $\left(\text{答案：}-\dfrac{1}{x^2}2^{\sin^2\frac{1}{x}}\ln 2\sin\dfrac{2}{x}\right)$

33. $y=\sqrt[4]{x\sqrt[3]{x\sqrt{x}}}$, 求 y'. $\left(\text{答案：}y=x^{\frac{3}{8}}, y'=\dfrac{3}{8}x^{-\frac{5}{8}}\right)$

34. $y=\dfrac{e^{2x}(x+3)}{\sqrt{(x+5)(x-4)}}$, 求 y'.

$\left(\text{答案：}\dfrac{e^{2x}(x+3)}{\sqrt{(x+5)(x-4)}}\left(2+\dfrac{1}{x+3}-\dfrac{1}{2(x+5)}-\dfrac{1}{2(x-4)}\right)\right)$

35. $g(x)=e^{f(x)}f(e^x)$, 求 $g'(x)$. （答案：$e^{f(x)}(f'(x)f(e^x)+f'(e^x)e^x)$）

36. $\varphi(x) = f\{f[f(x)]\} + f(\sin^2 x)$,求 $\varphi'(x)$.

(答案:$f'\{f[f(x)]\}f'[f(x)]f'(x) + f'(\sin^2 x)\sin 2x$)

37. $f(x) = \ln(\sec x + \tan x)$,求 $f'\left(\dfrac{\pi}{4}\right)$. (答案:$\sqrt{2}$)

38. $g(x) = \dfrac{1}{2}\text{arccot}\,\dfrac{2x}{1+x^2}$,求 $g'(1)$. (答案:0)

39. $e^{xy} + \cos(x+y) - y^2 = 1$,求 y'. $\left(\text{答案}:\dfrac{ye^{xy} - \sin(x+y)}{2y + \sin(x+y) - xe^{xy}}\right)$

40. $x^y = y^x$,求 y'. $\left(\text{答案}:\dfrac{y(y - x\ln y)}{x(x - y\ln x)}\right)$

41. $\begin{cases} x = 2t - \sin t \\ y = t^2 - \cos t \end{cases}$,求 $\dfrac{dy}{dx}, \dfrac{d^2 y}{dx^2}$. $\left(\text{答案}:\dfrac{dy}{dx} = \dfrac{2t + \sin t}{2 - \cos t}, \dfrac{d^2 y}{dx^2} = \dfrac{3 - 2t\sin t}{(2 - \cos t)^3}\right)$

42. $\begin{cases} x = \dfrac{1}{2}\ln(1+t^2) \\ y = \arctan t \end{cases}$,求 $\dfrac{dy}{dx}, \dfrac{d^2 y}{dx^2}$. $\left(\text{答案}:\dfrac{dy}{dx} = \dfrac{1}{t}, \dfrac{d^2 y}{dx^2} = -\dfrac{1+t^2}{t^3}\right)$

43. $\begin{cases} x = a\cos^3 t \\ y = a\sin^3 t \end{cases}$,求 $\dfrac{dy}{dx}, \dfrac{d^2 y}{dx^2}$. $\left(\text{答案}:\dfrac{dy}{dx} = -\tan t, \dfrac{d^2 y}{dx^2} = \dfrac{1}{3a}\csc t\sec^4 t\right)$

44. $y = \arctan\dfrac{2x}{1+x^2}$,求 dy. $\left(\text{答案}:\dfrac{2(1-x^2)}{1+x^4+6x^2}dx\right)$

45. $y = x\ln(x + \sqrt{1+x^2}) - \sqrt{1+x^2}$,求 $dy\big|_{x=1}$. (答案:$\ln(1+\sqrt{2})dx$)

46. 求曲线 $y = e^{-x}$ 上通过原点的切线方程及切点处的法线方程.

$\left(\text{答案}:切线方程:y = -ex,法线方程:y = \dfrac{x}{e} + e + \dfrac{1}{e}\right)$

47. 证明曲线 $\sqrt{x} + \sqrt{y} = \sqrt{a}$ 上任意一点处的切线在两坐标轴上的截距之和恒为常数.

(答案略)

48. $f(x)$ 在 $[a,b]$ $(0 < a < b)$ 上连续,在 (a,b) 内可导,$f(a) = b, f(b) = a$,证明:在 (a,b) 内至少有一个点 ζ,使 $f'(\zeta) = \dfrac{-f(\zeta)}{\zeta}$. (答案略)

49. 证明方程 $5x^4 - 4x + 1 = 0$ 在区间 $(0,1)$ 内至少有一个实根. (答案略)

50. $f(x)$ 在 $[a,b]$ 上连续,$f(x) > 0$,$F(x) = \int_a^x f(t)dt + \int_b^x \dfrac{1}{f(t)}dt$. 证明:$F(x) = 0$ 在 (a,b) 内有唯一实根. (答案略)

51. 证明:$0 < x < \dfrac{\pi}{2}$ 时,$x < \tan x < x\sec^2 x$. (答案略)

52. 证明:$x > 1$ 时,$\ln x > \dfrac{2(x-1)}{x+1}$. (答案略)

53. 证明:当 $x \neq 1, -1$ 时,$\arctan\dfrac{1-x}{1+x} + \arctan\dfrac{1+x}{1-x} = \dfrac{\pi}{2}$. (答案略)

54. $f(x)$ 在 $[0, +\infty)$ 上可导,$f(0) = 0$,且 $f'(x)$ 单调增加,证明:$g(x) = \dfrac{f(x)}{x}$ 在 $(0, +\infty)$ 内单调增加. (答案略)

55. 求函数 $y = \left(1 + x + \dfrac{x^2}{2} + \dfrac{x^3}{6}\right)e^{-x}$ 的极值. (答案:极大值 $y(0) = 1$)

56. 求 $y = \dfrac{1}{2}xe^{-x}$ 的定义域、单调区间、极值、凹凸区间、拐点、渐近线.

(答案:定义域$(-\infty,+\infty)$,单调增区间$(-\infty,1]$,单调减区间$[1,+\infty)$,极大值 $y(1) = \dfrac{e^{-1}}{2}$,凸区间$(-\infty,2]$,凹区间$[2,+\infty]$,拐点$(2,e^{-2})$,水平渐近线 $y = 0$)

57. 在圆弧 $y = \sqrt{a^2 - x^2}\,(x \geqslant 0)$ 上找一点,使该点的切线与圆弧及坐标轴所围成的图形的面积最小. $\left(\text{答案:点}\left(\dfrac{a}{\sqrt{2}},\dfrac{a}{\sqrt{2}}\right)\right)$

58. 一根长为 a 个单位的铅丝切成两段,一段围成圆形,一段围成正方形。问这两段铅丝各多长时,圆面积与正方形面积的和最小? $\left(\text{答案:圆形铅丝长度为}\dfrac{\pi a}{4+\pi},\text{正方形铅丝长度为}\dfrac{4a}{4+\pi}\right)$

59. 求 $\displaystyle\int \dfrac{x-1}{\sqrt[3]{x}-1}\mathrm{d}x.$ $\left(\text{答案:}\dfrac{3}{5}x^{\frac{5}{3}} + \dfrac{3}{4}x^{\frac{4}{3}} + x + c\right)$

60. 求 $\displaystyle\int \dfrac{1+\sin^2 x}{1+\cos 2x}\mathrm{d}x.$ $\left(\text{答案:}\tan x - \dfrac{x}{2} + c\right)$

61. 求 $\displaystyle\int \dfrac{\arctan\sqrt{x}}{\sqrt{x}(1+x)}\mathrm{d}x.$ $(\text{答案:}(\arctan\sqrt{x})^2 + c)$

62. 求 $\displaystyle\int \dfrac{1+x^4}{1+x^2}\mathrm{d}x.$ $\left(\text{答案:}\dfrac{x^3}{3} - x + 2\arctan x + c\right)$

63. 求 $\displaystyle\int \dfrac{\sin^2 x}{\cos^6 x}\mathrm{d}x.$ $\left(\text{答案:}\dfrac{(\arctan x)^3}{x} + \dfrac{(\arctan x)^5}{5} + c\right)$

64. 求 $\displaystyle\int \dfrac{\sin x}{1+\sin x}\mathrm{d}x.$ $(\text{答案:}\sec x - \tan x + x + c)$

65. 求 $\displaystyle\int \dfrac{1-e^x}{1+e^x}\mathrm{d}x.$ $(\text{答案:}x - 2\ln(1+e^x) + c)$

66. 求 $\displaystyle\int \dfrac{\mathrm{d}x}{x\sqrt{1-\ln^2 x}}.$ $(\text{答案:}\arcsin(\ln x) + c)$

67. 求 $\displaystyle\int \dfrac{x^3 - x}{\sqrt{1-x^2}}\mathrm{d}x.$ $\left(\text{答案:}\dfrac{1}{3}(1-x^2)^{\frac{3}{2}} + c\right)$

68. 求 $\displaystyle\int \sec x \tan^3 x \,\mathrm{d}x.$ $\left(\text{答案:}\dfrac{\sec^3 x}{3} - \sec x + c\right)$

69. 求 $\displaystyle\int \dfrac{e^{3x}}{1+e^{2x}}\mathrm{d}x.$ $(\text{答案:}e^x - \arctan e^x + c)$

70. 求 $\displaystyle\int \dfrac{\sin x}{\cos^3 x \sqrt[3]{1+\sec^2 x}}\mathrm{d}x.$ $\left(\text{答案:}\dfrac{3}{4}(1+\sec^2 x)^{\frac{2}{3}} + c\right)$

71. 求 $\displaystyle\int \dfrac{\mathrm{d}x}{x^2\sqrt{a^2 - x^2}}.$ $\left(\text{答案:}-\dfrac{\sqrt{a^2-x^2}}{a^2 x} + c\right)$

72. 求 $\displaystyle\int x\ln(1+x^2)\mathrm{d}x.$ $\left(\text{答案:}\dfrac{1+x^2}{2}\ln(1+x^2) - \dfrac{x^2}{2} + c\right)$

73. 求 $\displaystyle\int \dfrac{\ln\sin x}{\cos^2 x}\mathrm{d}x.$ $(\text{答案:}\tan x \ln(\sin x) - x + c)$

74. 求 $\int \dfrac{\sin x \cos x}{\sin^4 x + \cos^4 x} dx$. $\qquad$ (答案:$\dfrac{1}{2}\arctan(\tan^2 x) + c$)

75. 求 $\int \dfrac{dx}{(x+1)(x^2+1)}$. $\qquad$ (答案:$\dfrac{1}{2}\ln|x+1| - \dfrac{1}{4}\ln(1+x^2) + \dfrac{1}{2}\arctan x + c$)

76. 求 $\int \dfrac{dx}{\sqrt{x} + \sqrt[3]{x^2}}$. $\qquad$ (答案:$3\sqrt[3]{x} - 6\sqrt[6]{x} + 6\ln(1+\sqrt[6]{x}) + c$)

77. 计算 $\int_0^1 \dfrac{dx}{e^x + e^{-x}}$. $\qquad$ (答案:$\arctan e - \dfrac{\pi}{4}$)

78. 计算 $\int_{\frac{1}{e}}^{e} \dfrac{|\ln x|}{x} dx$. $\qquad$ (答案:1)

79. 计算 $\int_0^{\pi} \sqrt{\sin^3 x - \sin^5 x}\, dx$. $\qquad$ (答案:$\dfrac{4}{5}$)

80. 计算 $\int_0^{\frac{\pi}{2}} f(x) dx$,其中 $f(x) = \begin{cases} \tan^2 x, & 0 < x \leqslant \dfrac{\pi}{4} \\ \sin x \cos^3 x, & \dfrac{\pi}{4} < x \leqslant \dfrac{\pi}{2} \end{cases}$. $\qquad$ (答案:$\dfrac{17}{16} - \dfrac{\pi}{4}$)

81. 计算 $\int_0^2 \dfrac{dx}{x + \sqrt{4-x^2}}$. $\qquad$ (答案:$\dfrac{\pi}{4}$)

82. 计算 $\int_0^2 \dfrac{dx}{\sqrt{1+x} + \sqrt{(1+x)^3}}$. $\qquad$ (答案:$\dfrac{\pi}{6}$)

83. 计算 $\int_{-1}^{1} x^2 [\arcsin x + (1-x^2)^{\frac{3}{2}}] dx$. $\qquad$ (答案:$\dfrac{\pi}{16}$)

84. 计算 $\int_0^{\frac{\pi}{4}} \dfrac{x}{\cos^2 x} dx$. $\qquad$ (答案:$\dfrac{\pi}{4} + \ln\dfrac{\sqrt{2}}{2}$)

85. 计算 $\int_0^{\pi} \cos^6 \dfrac{x}{2} dx$. $\qquad$ (答案:$\dfrac{5}{16}\pi$)

86. 求 $\lim\limits_{x \to 0} \dfrac{\int_0^{x^2} \dfrac{\sin t}{t} dt}{x^2}$. $\qquad$ (答案:1)

87. $F(x) = \int_1^{x^2} x \sin^4 t\, dt$,求 $F'(x)$. $\qquad$ (答案:$\int_1^{x^2} \sin^4 t\, dt + 2x^2 (\sin x^2)^4$)

88. $f(x)$ 连续,且 $\int_1^{1+x^2} f(t) dt = \ln(1+x^2)$,求 $f(x)$. $\qquad$ (答案:$\dfrac{1}{x}$)

89. $f(x)$ 连续,且 $\int_0^{\ln x} f(t) dt = \dfrac{\ln x}{x}$,求 $f(0)$. $\qquad$ (答案:1)

90. 证明方程 $\int_0^x \sqrt{1+t^4}\, dt + \int_2^x \dfrac{dt}{\sqrt{1+t^2}} = 0$ 在 $(0,2)$ 内有唯一实根. $\qquad$ (答案略)

91. 计算 $\int_{-\infty}^{+\infty} \dfrac{1+x^2}{1+x^4} dx$. $\qquad$ (答案:$\sqrt{2}\pi$)

92. 证明:$\int_0^{\frac{\pi}{2}} \dfrac{\sin x}{\sin x + \cos x} dx = \int_0^{\frac{\pi}{2}} \dfrac{\cos x}{\sin x + \cos x} dx$. $\qquad$ (答案略)

93. 求曲线 $y = x^3 - 6x$ 与曲线 $y = x^2$ 所围平面图形的面积. $\qquad$ (答案:$\dfrac{253}{12}$)

94. 求圆 $x^2 + y^2 = a^2$ 与星形线 $x = a\cos^3 t, y = a\sin^3 t$ 所围平面图形的面积. $\left(\text{答案}: \dfrac{5}{8}\pi a^2\right)$

95. 求曲线 $y = e^x$ 及其上过原点的切线和 y 轴所围图形绕 y 轴旋转一周所生成的旋转体的体积. $\left(\text{答案}: 2\pi - \dfrac{2}{3}\pi e\right)$

96. 求曲线 $y = \dfrac{\sqrt{x}}{1+x^2}$ 绕 x 轴旋转一周生成的旋转体的体积. $\left(\text{答案}: \dfrac{\pi}{2}\right)$

97. $\boldsymbol{a} = (-1,0,2), \boldsymbol{b} = (2,1,-1), \boldsymbol{c} = (1,2,2)$,求 $[(\boldsymbol{a}+\boldsymbol{b}) \times (\boldsymbol{a}-\boldsymbol{b})] \cdot \boldsymbol{c}$. (答案:-4)

98. 求过点 $M_1(3,2,9)$ 与 $M_2(-6,0,-4)$ 且垂直于平面 $2x - y + 4z - 8 = 0$ 的平面方程. (答案:$21x - 10y - 13z + 74 = 0$)

99. 求过点 $M(4,-1,3)$ 且与直线 $L: x - 2y - 3 = 0, 5y - z + 1 = 0$ 平行的直线方程. $\left(\text{答案}: \dfrac{x-4}{2} = \dfrac{y+1}{1} = \dfrac{z-3}{5}\right)$

100. 求过点 $M(2,3,4)$ 垂直于直线 $\dfrac{x}{5} = \dfrac{y}{6} = \dfrac{z+1}{4}$ 且平行于平面 $4x - 2y + 3z = 11$ 的直线方程. $\left(\text{答案}: \dfrac{x-2}{26} = \dfrac{y-3}{1} = \dfrac{z-4}{-34}\right)$

二、高等数学下册复习题及答案

1. 已知 x, y, z 均大于 0,且 $u = \ln(x^x y^y z^z)$,求 $\mathrm{d}u$. (答案:$\mathrm{d}u = (1+\ln x)\mathrm{d}x + (1+\ln y)\mathrm{d}y + (1+\ln z)\mathrm{d}z$)

2. $f(x,y) = 2x^2 + ax + xy^2 + 2y$ 在点 $(1,-1)$ 处取得极值,求常数 a. (答案:$a = -5$)

3. $z = e^{2xy^2}, x = \sin t, y = t^2$,求 $\dfrac{\mathrm{d}z}{\mathrm{d}t}$. $\left(\text{答案}: \dfrac{\mathrm{d}z}{\mathrm{d}t} = e^{2t^4 \sin t}(8t^3 \sin t + 2t^4 \cos t)\right)$

4. $z = x\sin y + e^{\frac{y}{x}}$,求 $\dfrac{\partial z}{\partial x}, \dfrac{\partial z}{\partial y}$. $\left(\text{答案}: \dfrac{\partial z}{\partial x} = \sin y - \dfrac{y}{x^2}e^{\frac{y}{x}}, \dfrac{\partial z}{\partial y} = x\cos y + \dfrac{1}{x}e^{\frac{y}{x}}\right)$

5. $z = \arctan \dfrac{x+y}{1-xy}$,求 $\dfrac{\partial^2 z}{\partial x^2}, \dfrac{\partial^2 z}{\partial x \partial y}$. $\left(\text{答案}: \dfrac{\partial^2 z}{\partial x^2} = \dfrac{-2x}{(1+x^2)^2}, \dfrac{\partial^2 z}{\partial x \partial y} = 0\right)$

6. $z = xy\ln(x+y^2)$,求 $\mathrm{d}z$. $\left(\text{答案}: \mathrm{d}z = \left[y\ln(x+y^2) + \dfrac{xy}{x+y^2}\right]\mathrm{d}x + \left[x\ln(x+y^2) + \dfrac{2xy^2}{x+y^2}\right]\mathrm{d}y\right)$

7. $z = yf(x^2 - y^2)$,其中 f 可微,求证:$y\dfrac{\partial z}{\partial x} + x\dfrac{\partial z}{\partial y} = \dfrac{xz}{y}$.

8. $z = x^n f\left(\dfrac{y}{x^2}\right)$,其中 f 可微,求证:$x\dfrac{\partial z}{\partial x} + 2y\dfrac{\partial z}{\partial y} = nz$.

9. $z = \sin(xy) + f\left(x, \dfrac{x}{y}\right)$,其中 f 具有二阶连续偏导数,求 $\dfrac{\partial z}{\partial x}, \dfrac{\partial^2 z}{\partial x \partial y}$.
$\left(\text{答案}: \dfrac{\partial z}{\partial x} = y\cos(xy) + f_1' + \dfrac{1}{y}f_2', \dfrac{\partial^2 z}{\partial x \partial y} = \cos(xy) - xy\sin(xy) - \dfrac{x}{y^2}f_{12}'' - \dfrac{1}{y^2}f_2' - \dfrac{x}{y^3}f_{22}''\right)$

10. $z = xf(xy^2, x^2+y^2)$,求 $\mathrm{d}z$.
(答案:$\mathrm{d}z = [f + xy^2 f_1' + 2x^2 f_2']\mathrm{d}x + [2x^2 y f_1' + 2xy f_2']\mathrm{d}y$)

11. $z = f(x^y, y^x)$,求$\dfrac{\partial z}{\partial x}, \dfrac{\partial z}{\partial y}$. $\left(答案:\dfrac{\partial z}{\partial x} = yx^{y-1}f'_1 + y^x \ln y f'_2, \dfrac{\partial z}{\partial y} = x^y \ln x f'_1 + xy^{x-1}f'_2\right)$

12. $z = f\left(\dfrac{x}{y}, \dfrac{y}{x}\right)$,求$\dfrac{\partial z}{\partial x}, \dfrac{\partial z}{\partial y}$. $\left(答案:\dfrac{\partial z}{\partial x} = \dfrac{1}{y}f'_1 - \dfrac{y}{x^2}f'_2, \dfrac{\partial z}{\partial y} = -\dfrac{x}{y^2}f'_1 + \dfrac{1}{x}f'_2\right)$

13. 已知 $e^z - xy + xz = 0$,求$\dfrac{\partial z}{\partial x}, \dfrac{\partial z}{\partial y}$. $\left(答案:\dfrac{\partial z}{\partial x} = \dfrac{y-z}{e^z + x}, \dfrac{\partial z}{\partial y} = \dfrac{x}{e^z + x}\right)$

14. 已知 $z^3 - 3xyz = a^3$,求$\dfrac{\partial z}{\partial x}, \dfrac{\partial^2 z}{\partial x \partial y}$.

$$\left(答案:\dfrac{\partial z}{\partial x} = \dfrac{yz}{z^2 - xy}, \dfrac{\partial^2 z}{\partial x \partial y} = \dfrac{z(z^4 - 2xyz^2 - x^2 y^2)}{(z^2 - xy)^3}\right)$$

15. 求曲线 $x = t^2, y = t^3, z = 2t$ 在对应于 $t = 1$ 的点处的切线与法平面方程.

(答案:切线方程:$\dfrac{x-1}{2} = \dfrac{y-1}{3} = \dfrac{z-2}{2}$,法平面方程:$2x + 3y + 2z = 9$)

16. 求曲面 $x^2 + 2y^2 + 3z^2 = 6$ 在点 $M(2, 1, 0)$ 处的切平面方程与法线方程.

$\left(答案:切平面方程:x + y = 3,法线方程:\dfrac{x-2}{1} = \dfrac{y-1}{1} = \dfrac{z}{0}\right)$

17. 求曲面 $z = 4x^2 + 9y^2$ 上与平面 $8x - z = 0$ 平行的切平面方程. (答案:$8x - z = 4$)

18. 设平面 $3x + ky - 3z + 16 = 0$ 与椭球面 $3x^2 + y^2 + z^2 = 16$ 相切,求 k 值.

(答案:$k = \pm 2$)

19. 已知容积为 32m^3 的无盖长方体水池,问长、宽、高为何值时,该水池的内表面积最小.

(答案:长 4m、宽 4m、高 2m)

20. 设长方体的三个相邻面与三坐标面重合,另一顶点在平面 $\dfrac{x}{1} + \dfrac{y}{2} + \dfrac{z}{3} = 1$ 上,求长方体的最大体积. $\left(答案:\dfrac{2}{9}\right)$

21. 试证曲面 $x^{\frac{2}{3}} + y^{\frac{2}{3}} + z^{\frac{2}{3}} = 4$ 上任意点处的切平面在各坐标轴上的截距的平方和为一常数.

(答案略)

22. 画出下列各积分区域 D 的图形,并改变积分次序:

(1) $I = \displaystyle\int_0^1 \mathrm{d}y \int_y^{\sqrt{y}} f(x, y) \mathrm{d}x$;

(2) $I = \displaystyle\int_{-1}^1 \mathrm{d}x \int_{-\sqrt{1-x^2}}^{1-x^2} f(x, y) \mathrm{d}y$;

(3) $I = \displaystyle\int_0^1 \mathrm{d}y \int_{-\sqrt{1-y^2}}^{\sqrt{1-y^2}} f(x, y) \mathrm{d}x$.

$\left(答案:(1) I = \displaystyle\int_0^1 \mathrm{d}x \int_{x^2}^{x} f(x, y) \mathrm{d}y\right.$

$(2) I = \displaystyle\int_{-1}^0 \mathrm{d}y \int_{-\sqrt{1-y^2}}^{\sqrt{1-y^2}} f(x, y) \mathrm{d}x + \int_0^1 \mathrm{d}y \int_{-\sqrt{1-y}}^{\sqrt{1-y}} f(x, y) \mathrm{d}x$

$\left.(3) I = \displaystyle\int_{-1}^1 \mathrm{d}x \int_0^{\sqrt{1-x^2}} f(x, y) \mathrm{d}y\right)$

23. D 是由直线 $y = x$ 与曲线 $y = 4x^2$ 所围成的区域,按要求填写积分上下限:

$$I = \iint_D f(x,y)\mathrm{d}\sigma = \int \mathrm{d}x \int f(x,y)\mathrm{d}y = \int \mathrm{d}y \int f(x,y)\mathrm{d}x = \int \mathrm{d}\theta \int f(r\cos\theta, r\sin\theta) r\mathrm{d}r$$

$$\left(\text{答案}: I = \int_0^{\frac{1}{4}} \mathrm{d}x \int_{4x^2}^x f(x,y)\mathrm{d}y = \int_0^{\frac{1}{4}} \mathrm{d}y \int_y^{\frac{\sqrt{y}}{2}} f(x,y)\mathrm{d}x = \int_0^{\frac{\pi}{4}} \mathrm{d}\theta \int_0^{\frac{1}{4}\tan\theta\sec\theta} f(r\cos\theta, r\sin\theta) r\mathrm{d}r \right)$$

24. 计算 $\iint_D (x^2+y^2)\mathrm{d}\sigma$, D 由 $y=x^2, x=1, y=0$ 所围成. $\left(\text{答案}: \dfrac{26}{105}\right)$

25. 计算 $\iint_D x\sin\dfrac{y}{x}\mathrm{d}\sigma$, D 由 $y=x, y=0, x=1$ 所围成. $\left(\text{答案}: \dfrac{1}{3}(1-\cos 1)\right)$

26. 计算 $\iint_D (x^2-y^3)\mathrm{d}\sigma$, $D: x^2+y^2 \leqslant 1$. $\left(\text{答案}: \dfrac{\pi}{4}\right)$

27. 计算 $\iint_D x^5 \mathrm{d}\sigma$, $D: x^2+y^2 \leqslant 2y$. (答案: 0)

28. 计算 $\iint_D \sqrt{x^2+y^2}\mathrm{d}\sigma$, $D: x^2+y^2 \leqslant 2Rx, y \geqslant 0$. $\left(\text{答案}: \dfrac{16}{9}R^3\right)$

29. 计算 $\iint_D \mathrm{e}^{-y^2}\mathrm{d}\sigma$, D 是以 $(0,0), (1,1), (0,1)$ 为顶点的三角形区域. $\left(\text{答案}: \dfrac{1}{2}\left(1-\dfrac{1}{\mathrm{e}}\right)\right)$

30. 计算 $\iint_D \sin\sqrt{x^2+y^2}\mathrm{d}\sigma$, $D: \pi^2 \leqslant x^2+y^2 \leqslant 4\pi^2$. (答案: $-6\pi^2$)

31. 计算 $\iint_D \mathrm{d}\sigma$, $D: |x|+|y| \leqslant 1$. (答案: 2)

32. 计算 $\iiint_\Omega \mathrm{d}v$, $\Omega: |x|\leqslant a, |y|\leqslant b, |z|\leqslant c$. (答案: $8abc$)

33. 计算 $\iiint_\Omega \mathrm{d}v$, $\Omega: (x-1)^2+\left(y+\dfrac{1}{2}\right)^2+(z-3)^2 \leqslant 9$. (答案: 36π)

34. 计算 $\iiint_\Omega xyz\mathrm{d}v$, Ω 由曲面 $z=6-x^2-y^2$ 及 $z=\sqrt{x^2+y^2}$ 围成. (答案: 0)

35. 计算 $\iiint_\Omega \dfrac{\mathrm{d}v}{1+x^2+y^2}$, Ω 由曲面 $z=\sqrt{x^2+y^2}$ 与平面 $z=1$ 所围成.

$$\left(\text{答案}: \pi\left(\dfrac{\pi}{2}+\ln 2 - 2\right)\right)$$

36. 计算 $\int_0^1 \mathrm{d}x \int_x^1 x\sin y^3 \mathrm{d}y$. $\left(\text{答案}: \dfrac{1}{6}(1-\cos 1)\right)$

37. 计算 $\int_0^1 \mathrm{d}x \int_{-\sqrt{1-x^2}}^{\sqrt{1-x^2}} \mathrm{d}y \int_0^a z\sqrt{x^2+y^2}\mathrm{d}z$. $\left(\text{答案}: \dfrac{\pi}{6}a^2\right)$

38. 计算由曲面 $z=4-\sqrt{x^2+y^2}$ 与平面 $z=1$ 所围成的立体的体积. (答案: 9π)

39. 计算由曲面 $z=\sqrt{1-x^2-y^2}$ 与平面 $z=\sqrt{3(x^2+y^2)}$ 所围成的立体的体积.

$$\left(\text{答案}: \dfrac{\pi}{3}(2-\sqrt{3})\right)$$

40. 计算由平面 $x=0, y=0, x+y=1$ 所围成的柱体被平面 $z=0$ 及抛物面 $x^2+y^2=6-z$ 所截得的体积. $\left(\text{答案}: \dfrac{17}{6}\right)$

41. 设 L 为椭圆弧 $\frac{x^2}{4}+\frac{y^2}{3}=1$,其周长为 a,求 $\oint_L (3x^2+4y^2)\mathrm{d}s$. (答案:$12a$)

42. 计算 $\int_L y\mathrm{d}s$,其中 L 为 $x^2+y^2=R^2$ 的上半圆弧. (答案:$2R^2$)

43. 已知曲线 $L:y=x^2(0\leqslant x\leqslant\sqrt{2})$,计算 $\int_L x\mathrm{d}s$. (答案:$\frac{13}{6}$)

44. 设平面曲线 L 为下半圆周 $y=-\sqrt{1-x^2}$,求 $\int_L (x^2+y^2)\mathrm{d}s$. (答案:$\pi$)

45. 计算 $\oint_L \frac{xy^2\mathrm{d}y-x^2y\mathrm{d}x}{x^2+y^2}$,其中 L 为圆周 $x^2+y^2=a^2$ 的正向. (答案:$\frac{\pi a^2}{2}$)

46. 计算 $\oint_L \frac{3x\mathrm{d}y-y\mathrm{d}x}{|x|+|y|}$,其中 $L:|x|+|y|=1$,取逆时针方向. (答案:8)

47. 计算 $\oint_L x\mathrm{d}y$,其中 L 是由坐标轴和直线 $3x+2y=6$ 构成的三角形正向回路. (答案:3)

48. 计算 $\int_L (y+2xy)\mathrm{d}x+(x^2+2x+y^2)\mathrm{d}y$,其中 L 为逆时针方向的上半圆周 $x^2+y^2=4x$.

(答案:2π)

49. 计算 $\int_L (\mathrm{e}^x\sin y-my)\mathrm{d}x+(\mathrm{e}^x\cos y-m)\mathrm{d}y$,$L$ 为逆时针方向的上半椭圆弧 $\frac{x^2}{a^2}+\frac{y^2}{b^2}=1$.

$\left(\text{答案}:\frac{m\pi ab}{2}\right)$

50. 计算 $\oint_L (x^2y\cos x+2xy\sin x-y^2\mathrm{e}^x)\mathrm{d}x+(x^2\sin x-2y\mathrm{e}^x)\mathrm{d}y$,其中 L 为正向星形线 $x^{\frac{2}{3}}+y^{\frac{2}{3}}=a^{\frac{2}{3}}$. (答案:0)

51. 证明曲线积分 $\int_{(1,0)}^{(3,1)}(2x\mathrm{e}^y+y)\mathrm{d}x+(x^2\mathrm{e}^y+x-2y)\mathrm{d}y$ 与路径无关,并求其值.

(答案:$1+9\mathrm{e}$)

52. 设曲线积分 $\int_L (ax\cos y-y^2\sin x)\mathrm{d}x+(by\cos x-x^2\sin y)\mathrm{d}y$ 与路径无关,求 a,b.

(答案:$a=b=2$)

53. 已知曲线 L 的方程为 $y=1-|x|(-1\leqslant x\leqslant 1)$,$L$ 的起点为 $(-1,0)$,终点为 $(1,0)$,计算 $\int_L (xy+1)\mathrm{d}x+x^2\mathrm{d}y$. (答案:2)

54. 已知曲面 $\Sigma:x^2+y^2+z^2=a^2$,计算 $\oiint_\Sigma (x^2+y^2+z^2)\mathrm{d}s$. (答案:$4\pi a^4$)

55. 证明半径为 a 的球的表面积为 $4\pi a^2$. (答案略)

56. 设曲面 Σ 为球面 $x^2+y^2+z^2=R^2$ 的外侧,计算 ① $\oiint_\Sigma y\mathrm{d}x\mathrm{d}y$;② $\oiint_\Sigma z\mathrm{d}x\mathrm{d}y$.

$\left(\text{答案}:①\,0\quad ②\,\frac{4}{3}\pi R^3\right)$

57. 计算 $\iint_\Sigma x\mathrm{d}y\mathrm{d}z+y\mathrm{d}z\mathrm{d}x+z\mathrm{d}x\mathrm{d}y$,其中 Σ 为 $z=x^2+y^2,z\leqslant 1$ 部分的下侧. $\left(\text{答案}:\frac{\pi}{2}\right)$

58. 计算 $\oiint_\Sigma xz\mathrm{d}y\mathrm{d}z+x^2y\mathrm{d}z\mathrm{d}x+y^2z\mathrm{d}x\mathrm{d}y$,其中 Σ 是由曲面 $z=x^2+y^2$,柱面 $x^2+y^2=1$ 及三

坐标面围成在第一卦限中立体表面的外侧. $\left(\text{答案}: \dfrac{\pi}{8}\right)$

59. 计算 $\oiint\limits_{\Sigma} x(x^2+1)\mathrm{d}y\mathrm{d}z + y(y^2+2)\mathrm{d}z\mathrm{d}x + z(z^2+3)\mathrm{d}x\mathrm{d}y$, Σ 为球面 $x^2+y^2+z^2=1$ 的外侧.

$\left(\text{答案}: \dfrac{52}{5}\pi\right)$

60. 计算 $\iint\limits_{\Sigma} x\mathrm{d}y\mathrm{d}z + y\mathrm{d}z\mathrm{d}x + z\mathrm{d}x\mathrm{d}y$, 其中 Σ 为上半球面 $z=\sqrt{R^2-x^2-y^2}$ 的上侧.

$(\text{答案}: 2\pi R^3)$

61. 求级数 $\sum\limits_{n=1}^{\infty} \dfrac{3^n+2}{9^n}$ 的和. $\left(\text{答案}: \dfrac{3}{4}\right)$

62. 设幂级数 $\sum\limits_{n=1}^{\infty} a_n(x-1)^n$ 在 $x=-1$ 处收敛,问该级数在 $x=2$ 处收敛吗? (答案:收敛)

63. $f(x)$ 的周期为 2π,它在 $[-\pi,\pi)$ 上的表达式为 $f(x)=x$,求它的傅里叶级数 $\dfrac{a_0}{2}+\sum\limits_{n=1}^{\infty}(a_n\cos nx+b_n\sin nx)$ 的系数 a_8, b_8. $\left(\text{答案}: a_8=0, b_8=-\dfrac{1}{4}\right)$

64. 将 $f(x)=1-x^2(0\leqslant x\leqslant \pi)$ 展开形成余弦级数.

$\left(\text{答案}: f(x)=1-\dfrac{\pi^2}{3}+\sum\limits_{n=1}^{\infty}\dfrac{4(-1)^{n+1}}{n^2}\cos nx, 0\leqslant x\leqslant\pi\right)$

65. 判断 $\sum\limits_{n=1}^{\infty}\dfrac{\ln n}{n}$ 的敛散性. (答案:发散)

66. 判断 $\sum\limits_{n=1}^{\infty}\dfrac{1}{\sqrt[3]{(n+1)^2}}$ 的敛散性. (答案:发散)

67. 判断 $\sum\limits_{n=1}^{\infty}\dfrac{n^3}{2^n}$ 的敛散性. (答案:收敛)

68. 判断 $\sum\limits_{n=1}^{\infty}\sin\dfrac{\pi}{2^n}$ 的敛散性. (答案:收敛)

69. 判断 $\sum\limits_{n=1}^{\infty}\left(\dfrac{1+n}{1+n^2}\right)^n$ 的敛散性. (答案:收敛)

70. 判断 $\sum\limits_{n=1}^{\infty}(-1)^n\dfrac{2n+1}{n(n+1)}$ 的敛散性,若收敛,是条件收敛还是绝对收敛?

(答案:收敛,且为条件收敛)

71. 判断 $\sum\limits_{n=1}^{\infty}(-1)^n\dfrac{n}{2^{n-1}}$ 的敛散性,若收敛,是条件收敛还是绝对收敛?

(答案:收敛,且为绝对收敛)

72. 判断 $\sum\limits_{n=1}^{\infty}\dfrac{\sin\sqrt{n}}{n^2}$ 的敛散性,若收敛,是条件收敛还是绝对收敛?.

(答案:收敛,且为绝对收敛)

73. 求 $\sum\limits_{n=0}^{\infty}\dfrac{x^n}{3^n}$ 的收敛半径和收敛区间. (答案:收敛半径 $R=3$,收敛区间 $(-3,3)$)

74. 求 $\sum_{n=1}^{\infty} \dfrac{x^n}{n4^n}$ 的收敛半径和收敛区间. （答案:收敛半径 $R=4$,收敛区间 $[-4,4)$）

75. 求 $\sum_{n=1}^{\infty} \dfrac{(x-1)^n}{n2^n}$ 的收敛半径和收敛区间. （答案:收敛半径 $R=2$,收敛区间 $[-1,3)$）

76. 求 $\sum_{n=1}^{\infty} \dfrac{x^n}{n}$ 的收敛区间及收敛区间内的和函数. （答案:$s(x) = -\ln(1-x), x \in [-1,1)$）

77. 将 $f(x) = \dfrac{1}{(1+x)^2}$ 展开成 x 的幂级数. （答案:$f(x) = \sum_{n=1}^{\infty} (-1)^{n+1} n x^{n-1}, x \in (-1,1)$）

78. 将 $f(x) = x^2 e^{\frac{x}{2}}$ 展开成 x 的幂级数. （答案:$f(x) = \sum_{n=0}^{\infty} \dfrac{x^{n+2}}{2^n n!}, x \in (-\infty, +\infty)$）

79. 将 $f(x) = \dfrac{x}{2-x-x^2}$ 展开成 x 的幂级数.

$$\left(\text{答案:} f(x) = \dfrac{1}{3} \sum_{n=0}^{\infty} \left[1 - (-\dfrac{1}{2})^n\right] x^n, x \in (-1,1)\right)$$

80. 将 $f(x) = \dfrac{1}{x}$ 展开成 $x-3$ 的幂级数. （答案:$f(x) = \sum_{n=0}^{\infty} \dfrac{(-1)^n}{3^{n+1}}(x-3)^n, x \in (0,6)$）

81. 将 $f(x) = \dfrac{1}{x^2+3x+2}$ 展开成 $x-3$ 的幂级数.

$$\left(\text{答案:} f(x) = \sum_{n=0}^{\infty} (-1)^n \left[\dfrac{1}{4^{n+1}} - \dfrac{1}{5^{n+1}}\right](x-3)^n, x \in (-1,7)\right)$$

82. 已知 $y_1 = x, y_2 = e^x$ 是 $(x-1)y'' - xy' + y = 0$ 的两个特解,写出其通解.

（答案:$y = c_1 x + c_2 e^x$）

83. 设 $y_1(x), y_2(x)$ 是 $y' + p(x)y = q(x)$ 的两个不同特解,写出该方程的通解.

（答案:$y = y_1(x) + c[y_2(x) - y_1(x)]$）

84. 已知 $y_1 = x^2, y_2 = x + x^2, y_3 = x^2 + e^x$ 都是方程 $(x-1)y'' - xy' + y = -x^2 + 2x - 2$ 的解,写出该方程的通解. （答案:$y = c_1 x + c_2 e^x + x^2$）

85. 求 $\dfrac{dy}{dx} = 1 - x + y^2 - xy^2$ 的通解. $\left(\text{答案:} \arctan y = x - \dfrac{x^2}{2} + c\right)$

86. 求 $\sqrt{1-x^2} y' = \sqrt{1-y^2}$ 的通解. （答案:$\arcsin x = \arcsin y + c$）

87. 求 $xy' - y = \dfrac{x}{\ln x}$ 的通解. （答案:$y = x(\ln \ln x + c)$）

88. 求 $(1+y^2)dx + (xy - \sqrt{1+y^2} \cos y)dy = 0$ 的通解. $\left(\text{答案:} x = \dfrac{1}{\sqrt{1+y^2}}(\sin y + c)\right)$

89. 求 $2x(ye^{x^2} - 1)dx + e^{x^2}dy = 0$ 的通解. （答案:$y = e^{-x^2}(x^2 + c)$）

90. 求 $y'' + 6y' + 13y = 0$ 的通解. （答案:$y = e^{-3x}(c_1 \cos 2x + c_2 \sin 2x)$）

91. 求 $y'' + 9y = e^{-x}$ 的通解. $\left(\text{答案:} y = c_1 \cos 3x + c_2 \sin 3x + \dfrac{1}{10} e^{-x}\right)$

92. 求 $y'' + y' - 2y = e^x$ 的通解. $\left(\text{答案:} y = c_1 e^x + c_2 e^{-2x} + \dfrac{1}{3} x e^x\right)$

93. 求 $y'' - 2y' - 3y = xe^x$ 的通解. $\left(\text{答案:} y = c_1 e^{-x} + c_2 e^{3x} - \dfrac{1}{4} x e^x\right)$

94. 求 $y'' - 2y' - 3y = 1 + 2e^x$ 的通解. $\left(\text{答案}: y = c_1 e^{-x} + c_2 e^{3x} - \dfrac{1}{3} - \dfrac{e^x}{2}\right)$

95. 求 $(1 + e^x) y y' = e^x$ 满足 $y(1) = 1$ 的特解. （答案：$y^2 = 2\ln(1+e^x) - 2\ln(1+e) + 1$）

96. 求 $xy' + y = x^3$ 满足 $y(1) = \dfrac{5}{4}$ 的特解. $\left(\text{答案}: y = \dfrac{x^3}{4} + \dfrac{1}{x}\right)$

97. 求 $y'' + y = 2x e^x$ 满足 $y(0) = 0, y'(0) = 0$ 的特解. （答案：$y = \cos x + (x-1)e^x$）

98. 求 $y' \cot x + y = 2$ 满足 $y(0) = 1$ 的特解. （答案：$y = 2 - \cos x$）

99. 求 $y'' = x$ 的经过点 $M(0, 1)$ 且在此点与直线 $y = 2x + 1$ 相切的积分曲线.

$$\left(\text{答案}: y = \dfrac{x^3}{6} + 2x + 1\right)$$

100. 设曲线积分 $\displaystyle\int_L [f'(x) + 6f(x) + e^{-2x}] y\, dx + f'(x)\, dy$ 与路径无关，试求 $f(x)$.

$$\left(\text{答案}: f(x) = c_1 e^{-2x} + c_2 e^{3x} - \dfrac{x}{5} e^{-2x}\right)$$